无公害蔬菜病虫害防治实战丛书

黄瓜疑难杂症图片对照

第 2 版　诊断与处方

孙茜　潘阳　主编

中国农业出版社

图书在版编目（CIP）数据

黄瓜疑难杂症图片对照诊断与处方/孙茜，潘阳主编．—2版．—北京：中国农业出版社，2015.11（2023.4重印）

（无公害蔬菜病虫害防治实战丛书）
ISBN 978-7-109-21138-4

Ⅰ．①黄…　Ⅱ．①孙…②潘…　Ⅲ．①黄瓜-病虫害防治　Ⅳ．①S436.421

中国版本图书馆CIP数据核字（2015）第264904号

中国农业出版社出版
（北京市朝阳区麦子店街18号楼）
（邮政编码 100125）
责任编辑　张洪光　阎莎莎

————————————

中农印务有限公司印刷　新华书店北京发行所发行
2016年1月第2版　2023年4月第2版北京第6次印刷

————————————

开本：880mm×1230mm　1/32　印张：4
字数：90千字
定价：29.00元
（凡本版图书出现印刷、装订错误，请向出版社发行部调换）

编 著 者

主　编　孙　茜　潘　阳

副主编　潘文亮　张尚卿

　　　　马广源　孙祥瑞

　　　　张家齐　张英妹

　　　　张建峰

参　编（以姓氏笔画为序）

　　　　马门宗　王吉强

　　　　李　向　李丽娟

　　　　李铁成　张付强

　　　　张艳华　罗春青

　　　　郭志刚

第1版编写人员

主　编　孙　茜

副主编　潘文亮　王贺军　张凤国　李红霞
　　　　王守军　蔡淑红　啜惠娥

参　编　(以姓氏笔画为序)
　　　　马秀英　马金凯　王荣湘　毛向宏
　　　　尹建房　尹继民　冯秀华　刘彦民
　　　　刘庆锤　苏其茹　李　民　李　楠
　　　　李术臣　李丽娟　杨学武　袁章虎
　　　　肖红波　张西敏　张付强　张金华
　　　　苑凤瑞　胡铁军　赵梅素　贾海民
　　　　夏彦辉　韩秀英　谭文学　戴东权

再版序言

"无公害蔬菜病虫害防治实战丛书"自2005年出版以来，得到了河北省乃至全国广大菜农和技术人员的广泛关注和喜爱，为正确诊断蔬菜病虫害、科学准确使用农药和推进蔬菜产业健康快速发展发挥了十分重要的作用。

目前，蔬菜产品的质量安全是社会和消费者关注的热点之一，正确应用高效低毒农药防控蔬菜病虫害，是保证蔬菜产品质量安全的关键环节。多年以来，孙茜研究员长期深入蔬菜生产基地，融入广大菜农中间，共同深入研究探讨，反复多次试验示范，并从生产实践中整理总结出了非常宝贵的新经验、新点子、新方法、大处方、小处方、防治历等多种好技术，应用效果好，实用性非常强，是解决蔬菜生产中病虫害技术问题的"神方妙法"，是解决蔬菜生长异常难题的"灵丹妙药"。

"无公害蔬菜病虫害防治实战丛书"的修订再版，又融入了许多新的内容、新的技术、新的方法和新的农药品种。该书的特点是文字简洁凝练，内涵丰富，图文并茂，白话叙述，一看就懂，简单易学，是菜农和技术人员离不开手的技术工具。该书的再版，必将

无公害蔬菜病虫害防治实战丛书

为蔬菜产品质量安全水平提升、蔬菜产业提质增效发挥更大的技术指导作用。

河北省蔬菜产业发展局调研员
农业部蔬菜专家技术指导组成员　王振庄
中国蔬菜协会副会长

2015年7月

前　言

　　蔬菜在人们的生活中占有非常重要的地位。蔬菜产业也已经是中国农民重要的致富行业。"无公害蔬菜病虫害防治实战丛书"作为无公害蔬菜生产的指导用书，自2005年出版发行后，受到广大菜农和一线技术人员的好评。得到了菜农的广泛认可和实践验证。他们纷纷来电来信通报按照该书防治大处方操作后取得的丰收喜讯。在我身边有遍布全国的菜农粉丝和新技术的示范农户。这套丛书也已经印刷了数次，发行80余万册。并得到了同行专家的肯定，2008年获得了"中华农业科技奖科普图书奖"、2009年获得河北省优秀科普资源二等奖。源源不断的菜农朋友们的喜讯和奖励荣誉，让我作为一个科技推广人员多了一份忐忑，更感到自身的责任和义务。

　　随着设施蔬菜种植面积的迅速扩大和经济效益的逐年增长，以及无公害或绿色蔬菜生产的需要，蔬菜生产一线各种问题也在增多，设施蔬菜的连茬、重茬种植以及农药和化肥施用的不规范，仍然是蔬菜生产中的重要问题。种植模式多种多样致使病害种类繁多、发生情况更加复杂。当前，蔬菜安全生产和绿色农业战略是我国农业和蔬菜产业发展的总趋势。在责任编辑的邀约下，我把近期承担的绿色蔬菜生产技术集成项目与菜农共同示范完成的"绿色蔬菜病虫害保健性防控新技术"编入修订书稿中，把近期生产实践中获得的新经验、新点子、新方法、小处方收集整理编入修订书稿中，把农药新品种、改良土壤连茬障碍和盐渍化新配方、近期发生的新病害救治技术等内容编入修订书稿中，同时保持第1版技术简便，易学、好操作的风格。这套丛书仍然是以绿色农业和生产无公害蔬菜为宗旨，以保障菜农丰产丰收为目标，从目前职业菜农种植实战需求出发，对不易诊断的病害问题，对非典型和疑似病害进行辨别、分析，提出解决问题的办法，给出救治方案。

在丛书修订再版之际，衷心感谢河北科技菜农俱乐部的科技菜农团队给予的病虫害绿色防控技术方案的示范验证，感谢他们的生产一线工作经验和体会的分享。感谢在试验示范中提供蔬菜种子、农药的企业单位。有了这些丰富的田间一线的工作经验和体会，才有了更贴近生产一线的符合当前蔬菜安全生产和农药减量控害要求的实际操作技术。企盼这套丛书成为菜农朋友、蔬菜园区技术人员实用的致富工具。

孙茜

2015年7月

目 录

写在前面的话

　　随着设施蔬菜种植面积的快速发展和种植模式的增加，设施蔬菜的连作、重茬和农药、化肥使用的不规范，使得菜农致富愿望与现实相悖。蔬菜产业原本种植种类和种植模式繁多、茬口叠加交叉使生产中的病害种类繁多、情况复杂。蔬菜价格高时，农民对蔬菜大水大肥伺候，病虫害发生时舍得所有好药、贵药一起用，与当今消费者对绿色、安全、优质、低农残的要求相去甚远。往往是品种改变了、设施设备先进了、施肥水平上去了，但是病虫害防治水平仍然停留在原处。预防舍不得用好药，发病后却拼命用好药、重复用药、大量混合用药。生产中的主要问题如下：

　　1. 老菜农凭经验，任意加大用药量和盲目混用药剂，随意缩短安全间隔期，使得蔬菜生长在"治病也致命（残）、致畸"的环境里，如图1。长期落后的栽培措施和病虫害防治手

图1　多种药剂混喷后造成的黄瓜植株叶片烧灼和僵脆

段与优良品种的种植要求不相适应。防治用药现状乱、混、杂现象仍很严重。

2. 多元有效成分桶混防病时，忽略了对蔬菜生长的安全性，造成药害、肥害，对蔬菜瓜果的生产危害性极大。也给不法农资经销商经营假药、次药以可乘之机。他们为图一己之利欺骗（忽悠）新菜农，开出4～5种药剂混用的大药方，以极不科学的混配手段防病，诱使新菜农多用药、混用药，造成植株落花落果，叶片枯干等药害，如图2和图3。

图2 现实中菜农一桶水混药处方

图3 滥用激素造成的畸形瓜

3. 落后的病虫害防治理念与无公害设施蔬菜施药技术不相适应，施药时忽略了天气环境、生长期等因素。比如在昼短夜长、弱光环境下不考虑植株生长现状、恶劣条件和药剂吸收渗透的规律，施药剂量仍然不减，一个浓度用到底，甚至加入增效剂致使叶片渗透作用加快，引发叶片功能性衰竭枯死斑，如图4。

4. 打药万能论。缺素症和肥害与病害混淆，不论什么原因，有病或有异常就喷药。菜农缺乏病虫害防治的基本知识，保秧护果意识强，唯恐蔬菜得病。一旦发病则拼命喷药，有时仅仅发生一种病害，也要加几种治疗其他病害的药剂一起喷，

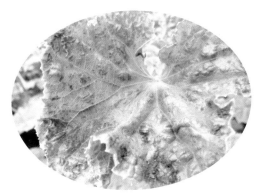

图4　大剂量肥药混用喷施后黄瓜叶片畸形

使得蔬菜植株像披上一层厚厚的药衣，如图5，经常有药剂附着在叶片表面，无疑会影响光合作用和植株的转化营养功能，重者会造成叶片褪绿或硬化脆裂。

图5　身披一层厚重药粉的黄瓜植株

随着反季节多种种植模式栽培黄瓜大面积的增加，使得各种病害随着季节差异、气候差异和用药混乱而产生不典型症状，以致难以辨认。我们在为菜农进行病害咨询、指导培训中，直接面对上述问题，经历了从单一病害的识别诊断、农业措施防治及农药补救的较专业化的辅导，到将复杂的病、虫、草、药、寒、盐、冻、涝害等植株症状相区别，并将植保技术简单化、系列化、方案化（处方化）的指导历程。近几年，我们又将黄瓜救治方案（大处方）提升到保健性防控整体技术方案并取得了成功，并接受了国家果类农副产品质量监督检验中心的检测，符合农业行业标准NY/T 655—2012。总结收集整理科技示范户生产中的成功经验（图6）和归纳相关知识后，我们改编了这本小册子，愿该书的出版能为菜农提供更大的帮助。

图6 设施黄瓜保健性防控方案下的生长景象

一、黄瓜生长异常的诊断

（一）田间诊断应考虑的因素及求证步骤

　　蔬菜病害田间诊断是农业综合技能的体现。科研与推广人员的诊断区别在于前者可以取样返回实验室培养、分离镜检后再下结论。它的准确率高，出具的防治方案针对性强，但时间缓慢，与生产要求的"急诊"不相适应。田间的诊断则不一样，必须在第一时间内初步判断症状的因由，并给出初步的救治方案，然后再根据实验室分析鉴定修正防治方案。因此，判断病、虫、药、肥、寒、热害等应注意如下程序步骤和因素。

　　1.观察：观察应从局部叶片到整株，应观察病症植株所处位置，或设施棚室所处的位置以及栽培模式、相邻作物种类、栽培习惯等。看一个棚室或一块田地可能看到一种症状，看到一种现象。观察几个乃至十几个棚室则能发现一种规律。所看到的症状有自然的也有人为造成的。

　　2.了解：向种植户了解：①土壤环境状态，包括土壤营养成分、施肥情况、盐渍化程度，如图7为肥害植株；②菜农的栽培史，是否连茬连作、连茬年数、上茬作物种类等；③农药使用情况，包括除草剂使用情况、使用农药的剂量、农药存放地点等；④种植的品种，以及品种特征特性，比如耐寒、耐热、对药剂和环境的敏感性，看其是否适合当地的季节（气候）特点及土壤特点。随着新特蔬菜品种的引进、推

图7　田间常有的底肥不腐熟造成有害气体熏蒸的危害

图8　越冬弱光低温环境下过量混施杀虫剂与叶面肥造成的叶片皱缩

广和种植，各品种的抗高温性、耐热性及耐寒性、耐弱光性等不尽相同。一个品种的特征特性决定了所要求的环境条件、栽培方法、密度等，如北方越冬栽培的黄瓜，对耐弱光、耐低温特性非常敏感，如图8，如果还是按照生长旺盛时期喷施杀虫剂、杀菌剂和叶面肥的剂量，就有可能致使植株或叶片产生药害，如畸形、枯斑或皱褶等。

3. 收集：由于有些菜农在预防病害时把三四种农药混于1桶水*中喷施，或将杀菌剂、杀虫剂、植物生长调节剂混用，或又有假、劣药充斥其中，三五天喷一次，蔬菜生存受到威胁、生长受到限制，产生异常症状，如图9。因此，诊断时一定收集、排查农民使用过的农药袋子（图10），以帮助我们辨真假，看成分，查根源。

4. 求证：由于追求高产，人们往往是有机肥不足化肥补。生产中常有将未腐熟的鸡粪、牲畜粪直接施到田

图9　多种类药剂与激素混用造成的黄瓜畸形

图10　收集使用过的药袋子排查药害根源

---

* 1桶水为1喷雾器水＝15升水。全书同。

间的现象，产生有害气体熏蒸作物造成危害。施用冲施肥不是均匀撒在垄中而是在入水口随水冲进畦里，造成烧根黄化以及土壤盐渍化。因此，诊断蔬菜生长异常时，需求证土壤基肥、追肥、冲施肥的使用情况，单位面积用量及氮、磷、钾、微肥的有效含量、生产厂商及施肥习惯等。

5.咨询：经过上述观察、了解、收集、求证后，还要咨询所在区域季节气候，包括温度、湿度、自然灾害的气象记录，这对诊断很有必要。突发性的病症与气候有直接的关系，如：下雪、大雾、连阴天、多雨、突降霜冻及水淹等。在诊断时应该充分考虑到近期的天气变化和自然灾害因素（图11）。

图11 寒害造成的黄瓜黄化斑点

图12 小麦除草剂飘移致使黄瓜产生药害

6. 排查：在诊断蔬菜生长异常时，人为破坏也是应考虑的因素。如除草剂飘移产生的药害（图12），现实生活中经常会因经济利益或家族矛盾而发生人为破坏的现象，有的喷施激素（植物生长调节剂）甚至除草剂损坏他人的蔬菜生产。因此，应调查村情民意，排除人为破坏也应为诊断的必要步骤。

7. 验证：在初步确定为侵染性病害后，应采取病害标本带回实验室或请有条件的单位进行分离、鉴定，确定病原种类，进一步验证田间作出的判断。

（二）田间诊断应涉及的范围

在生产中，蔬菜发生一种异常现象不同专业背景的科技人员会有不同的判断或救治方法。有时受学科限制会对异常现象给予单一的解释，实际上一种异常现象可能是多种因素综合作用的结果。在自然环境中，栽培方式、种植管理、防治病虫害用药手段、天气、肥料施用等各种因素综合作用的复杂条件下，诊断蔬菜生长异常涉及如下范围，可以逐步排除。

首先应判断是病害？还是虫害？或是生理性病害？

（1）由病原生物侵染引起的植物不正常生长和发育所表现的病态，常有发病中心，由点到面…………………… 病害

①蔬菜遭到病菌侵染，植株感病部位生有霉状物、菌丝体并产生病斑………………………………… 真菌病害

②蔬菜感病后组织解体腐烂、溢出菌脓并伴有臭味 …
……………………………………………… 细菌病害

③蔬菜感病后引起畸形、丛簇、矮化、花叶皱缩等症并有传染扩散现象……………………………… 病毒病害

④植株生长衰弱，显示营养不良。叶片、茎秆没有病原物。拔出根系，根部长有根瘤状物………………… 线虫

（2）有害昆虫如蚜虫、棉铃虫等刺吸、啃食、咀嚼蔬菜引起的植株异常生长和伤害现象，无病原物，有虫体可见…
………………………………………………… 虫害

（3）受不良生长环境限制以及天气、种植习惯、管理不当等因素影响，蔬菜局部或整株或成片发生的异常现象，无虫体、病原物可见……………………… 生理性病害

①因过量施用农药或误施、飘移、残留等因素造成的蔬菜生长异常、枯死、畸形现象………………… 药害

a. 因施用含有对蔬菜花、果实有刺激作用的杀菌剂造成的落花落果以及过量药剂所导致的植株及叶片畸形现象………
………………………………………… 杀菌剂药害

b. 因过量和多种杀虫药剂混配喷施所产生的烧叶、白斑等现象…………………………………………… 杀虫剂药害

　　c. 超量或错误使用除草剂造成土壤残留，下茬受害黄化、抑制生长等现象，以及喷施除草剂飘移造成的近邻植株受害生长畸形现象………………………………………… 除草剂药害

　　d. 因气温高，或用药浓度过高、过量或喷施不适当造成植株畸形、果实畸形、裂果、僵化叶等现象…………………………………………………… 植物生长调节剂药害

　　②因偏施化肥，造成土壤盐渍化或缺素，导致植株烧灼、枯萎、黄叶、化瓜等现象……………………………… 肥害

　　a. 施肥不足，脱肥，或过量施入单一肥料造成某些元素被固定，植株长势弱或褪绿、黄化、果实着色不良或畸形等现象………………………………………………… 缺素症

　　b. 过量施入某种化肥或微肥，或环境污染造成的某种元素过多，植株营养生长过盛、叶色过深或颜色异常、果实生长异常，或植株生长停滞等现象……………… 元素中毒症

　　③因天气的变化、突发性气候变化造成的危害 ………………………………………………………… 天气灾害

　　a. 冬季持续低温对蔬菜生长造成生长障碍，植株叶片低垂外翻，或叶片皱缩………………………………… 寒害

　　b. 突然降温、霜冻造成植株紫茎，果实蜡样透明及叶片紫褐色枯死………………………………………… 冻害

　　c. 因持续高温致使植株蒸腾过量，营养运输受阻，生长衰弱，叶片黄化，疱状外翻……………………… 热害

　　d. 阴雨放晴后的超高温强光造成枝叶脆裂和白化灼伤…………………………………………………… 灼伤

　　e. 暴雨、水灾后植株长时间泡淹造成黄化和萎蔫… 淹害

二、黄瓜病害典型与非典型、疑似症状的诊断与救治

许多菜农告诉我们，在种植中发生的病害症状与一些教科书中的典型症状并不是很相像，待症状典型了，救治也晚了，抢救时机已经非常被动了，损失在所难免。菜农往往在发病初期的病症甄别上举棋不定，用药时就会把许多药掺和在一起喷，以求多效广防，保住秧苗。但常常事与愿违，花钱多，效果差。如果掌握了识别病症的技巧，辨别了病害种类，就会变被动防治为针对性治疗。既争取了时间，又节省了成本。下面介绍黄瓜主要病害的典型、非典型及疑似病症的诊断与救治方法。

注解：典型、非典型指同一病害症状表现有差异，疑似病症为症状相像但不是此病。

猝　倒　病

【典型症状】　猝倒病是黄瓜苗期的重要病害。幼苗感病后茎基部呈水渍状软腐并倒伏，即猝倒，如图13。幼苗初感病时秧苗根部呈暗绿色，湿度大时病苗地表处长出稀疏白色菌丝，如图14，感病部位逐渐缢缩，病苗折倒坏死。染病后期茎基部变成黄褐色，干枯成线状，如图15。

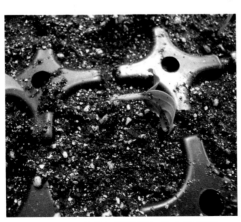

图13　病苗初期茎基部软腐并倒伏

图14 秧苗根部呈暗绿色，生出稀疏白色菌丝

图15 染病瓜苗茎基部黄褐色干枯

【疑似症状】 一般蔬菜苗期常发生三大病害，即立枯病、猝倒病、炭疽病，黄瓜也一样。猝倒病的症状是茎基部水渍状折倒，腐烂，干燥环境下根部黄褐色。立枯病疑似猝倒病时根部黄褐色，但不折倒，干枯后黄褐色直立，如图16。这是立枯病与猝倒病的区别之处。

图16 疑似猝倒病的立枯病幼苗

【发病原因】 病菌主要以卵孢子在土壤表层越冬。条件适宜时产生孢子囊释放出游动孢子侵染幼苗。通过雨水、浇水和病土传播，带菌肥料也可传病。低温高湿条件下容易发病，土温10～13℃，气温15～16℃病害易流行发生。播种、移栽或苗期浇大水，又遇连阴天低温环境发病重。

【救治方法】

生态防治：清园，切断病害传播途径。用异地大田土和腐熟的有机肥配制育苗营养土，最好使用一次性灭菌营养基质。严格控制化肥用量，避免烧苗。合理分苗，合理密植，控制湿度是关键。降低棚室湿度。苗床土注意消毒及药剂处理。

药剂处理土壤：取大田土与腐熟的有机肥按6：4混匀，并按每立方米苗床土加入100克68%精甲霜灵·锰锌水分散粒剂和2.5%咯菌腈悬浮剂100毫升拌土一起过筛混匀，或采用生物菌药即30亿活芽孢/克枯草芽孢杆菌可湿性粉剂500克混入上述营养土中。在种子包衣播种覆土后用68%精甲霜灵·锰锌水分散粒剂500倍液或6.25%咯菌腈·精甲霜灵悬浮剂20毫升对水15升进行土壤封闭，可以有效杀死土壤表面和病苗上的病菌。

种子包衣防治：可选6.25%咯菌腈·精甲霜灵悬浮剂10毫升对水150～200毫升包衣3千克种子，可有效预防猝倒病和其他苗期病害如立枯病、炭疽病等。

药剂淋灌：可选择30亿活芽孢/克枯草芽孢杆菌可湿性粉剂100倍液、68%精甲霜灵·锰锌水分散粒剂500～600倍液（折合每100克药对3～4桶水）、44%精甲霜灵·百菌清悬浮剂400倍液、72%霜脲·锰锌水剂600倍液、62.75%氟吡菌胺·霜霉威水剂1 000倍液、72.2%霜霉威水剂800倍液或64%杀毒矾可湿性粉剂500倍液等对秧苗进行淋灌或喷淋。

霜　霉　病

【典型症状】　霜霉病是全生育期均可以感染的流行性病害，又叫"跑马干"，主要为害叶片。因其病斑受叶脉限制，多呈多角形浅褐色或黄褐色斑块，从而成为非常易诊断的病害，如图17。叶片感病以后，叶缘、叶背

图17　霜霉病叶片典型多角形黄褐色病斑

出现水渍状病斑，如图18，逐渐扩展受叶脉限制扩大后呈现大块状黄褐色角斑，如图19。湿度大时叶背长出灰黑色霉层，如图20，结成大块病斑后会迅速干枯，霜霉病大发生时对黄瓜生产造成毁灭性损失，如图21。

图18　初染病叶背面水渍状阴湿

图19　重度感病后呈大块状褐色角斑

图20　重症霜霉病叶背面的黑色霉层

图21　霜霉病流行时毁灭性的田间惨景

【非典型症状】病斑虽呈角状或小型散状角斑，但是叶片疱状病斑稍有凸起，如图22，叶斑干枯浅褐色，但叶片未连片，叶背面少有水渍状霉层，如图23，寒冷环境下黄瓜叶片多呈下垂状出现霜霉病角斑，叶背面阴湿有水珠应该是寒冷环境下的不典型霜霉病。

在重度盐渍化的地块因施用过量氮肥和氮素冲施肥造成氮过量环境下叶片浓绿僵硬，疱斑明显凸起，如图24。病斑的不规则使防治时举棋不定。此类病斑颜色稍浅，不易连片，此症除表现不规则霜霉病症外，还表现出氮肥大剂量施用后致使黄瓜叶片僵化的症状，如图25。

图22　寒冷环境下霜霉病斑的症状

图23　寒冷环境下霜霉病叶片背面水珠状症状

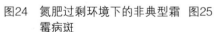

图24　氮肥过剩环境下的非典型霜霉病斑

图25　重度盐渍化土壤环境下的霜霉病症状

【疑似症状】　黄瓜叶片上有大块病斑，看似是大型角斑，细看病斑并没有受叶脉限制，叶缘有不规则侵染扩展斑，如图26。因在高湿、温差大的春季，低温更适合疫病发生，从叶背面有细微的白色霉层判断是疫病为害的病症。还有叶片呈现小型角斑，后期病斑合并连片，但是叶背面没有霜霉病菌的霉状物，只是阴湿，略有臭味，应该是细菌性角斑病，如图27。

【发病原因】　病菌主要在冬季温室作物上越冬。由于北方设施棚室保温条件的改善，黄瓜可以安全越冬栽培，病菌可以周年侵染，借助气流传播。病菌孢子囊萌发适宜温度为

 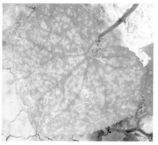

图26　疑似霜霉病的疫病叶片　　图27　疑似霜霉病的细菌性
　　　　　　　　　　　　　　　　　　　　　　角斑病叶片

15～22℃，相对湿度高于83%，叶面有水珠时极易发病。保护地棚室内空气湿度越大病菌产孢子越多，叶面有水珠或露水是病菌萌发游动侵入的有利条件。

【救治方法】

选用抗病品种：如金胚99-2、金胚99F₁、中研21、冬绿、津春系列、津杂等。

生态防治：清园，切断越冬病残体组织，合理密植，高垄栽培，如图28，控制湿度是关键。越冬栽培的黄瓜必须采取地膜下渗浇小水或滴灌、微喷等节水保温措施，如图29，

图28　高垄栽培黄瓜模式

图29　冬季黄瓜栽培膜下滴灌模式

以利降低棚室湿度。清晨尽可能早的短时即刻放风，即放湿气，尽快进行湿度置换。不用担心放湿气会降温，快速放湿气，可能在短时间内棚室会有1～2℃的降温，但是通风透光，空气干燥有利于快速提高气温，促进生长。同时注意适当增施磷、钾肥。育苗时苗床土注意消毒及药剂处理，覆土时药剂封闭杀菌。

药剂救治：霜霉病是暴发性极强的毁灭性流行性病害。通常发病2～3天整个作物田毁于一旦。传统的防治理念是发现中心病株后立即全面喷药，并及时清除病叶带出棚外烧毁。但是病害是有潜伏期的，生产中发现中心株时其实已经有成片或大面积的植株是感病潜伏期，这个时候再谈预防时机已晚。但是什么时机是最好的预防时间呢？实践中菜农自己也无法掌握。在我们提倡作物整体性病虫害防治方案（即大处方）推广实施以来，设施蔬菜保健性的系统化防控理念应运而生。即从种子和土壤入手，保障作物一生中没有病虫害打扰和健壮生长，做到"零"病情指数，不能等到病菌侵染了才喷药和防护。早期按规律进行的健康防病保护，让病菌没有侵染机会，生产上应把握生长技术节点，树立关键时期重点防护的绿色防控新概念。

建议采用作物保健性整体防控方案，即黄瓜一生病害防治大处方进行整体预防。

（1）四灌三喷法：见第七部分黄瓜整体方案。

（2）喷雾施药法：定植10天后采用25%嘧菌酯悬浮剂根部用药，每667米²60毫升灌根。也可以采用喷雾器淋灌，10毫升对水15升（1桶水）。随水滴灌用量是每667米²嘧菌酯100毫升，这样让黄瓜植株有健康生长的防病基础，然后进行喷药防控。发病前使用保护剂，预防可采用75%百菌清可湿性粉剂600倍液（100克药对4桶水），或56%百菌清·嘧菌酯悬浮剂1 000倍液。25%嘧菌酯悬浮剂1 500倍液、25%双炔酰菌胺悬浮剂1 200倍液、44%精甲霜灵·百菌清悬浮剂500倍液可进行根灌施药预防性控制。发病初期，选用25％嘧菌酯悬浮剂1 500倍液与68％精甲霜灵·锰锌水分散粒剂700倍液混施，或25％嘧菌酯悬浮剂2 000倍液与25％双炔酰菌胺悬浮剂1 200倍液混用根灌或喷施等。发病后期，要选用治疗剂，如68％精甲霜灵·锰锌水分散粒剂600倍液、62.75％氟吡菌胺·霜霉威水剂1 000倍液、72.2％霜霉威水剂1 000倍液等。不管用哪种药防治，均要喷施周到，使药液全部覆盖才可取得良好的效果。

灰 霉 病

【典型症状】 灰霉病是冬季、早春和越冬黄瓜的主要病害。主要为害幼瓜和叶片，V形病斑是灰霉病的典型病症，如图30。病菌从叶缘感染向纵深扩大，棚室湿度大时叶片染菌扩展到植株茎蔓，出现霉菌性腐烂，如图31。病菌从雌花的花瓣侵入，花瓣腐烂，如图32，瓜蒂顶端开始发病，瓜蒂感病向内扩展，如图33。致使感病瓜果或叶片呈灰白色，软腐，长出大量灰绿色霉菌层，如图34。

图30　感染灰霉病的叶片

图31　感染灰霉病菌腐烂的植株茎蔓

图32　感染灰霉病的幼瓜

图33　腐烂的花瓣侵染瓜蒂病斑扩展

图34　染病瓜呈灰白色软腐，
长出大量灰绿色霉菌层

图35　棚膜带菌滴水感染灰霉
病菌的非典型病斑叶片

【非典型症状】　染病叶片呈不规则大块浅褐色病斑，表面也长出浅灰色霉菌。棚室湿度大时病菌会随着人的劳动操作和走动随空气传播，水滴携带病菌滴落到叶片上也能染病，如图35。

【疑似症状】　菌核病也为害幼瓜和叶片，感染也从叶缘和瓜蒂开始。只是长出来的霉菌菌丝纯白色，茂密，如图36。幼瓜染病后瓜条阴绿，水渍状，瓜蒂长白毛，如图37，前期非常接近灰霉病，但是感病后菌丝茂密、白色，老化后长出黑色菌核才能区别于灰霉病。

图36 疑似灰霉病的菌核病叶片　　图37 疑似灰霉病的菌核病幼瓜

【发病原因】 灰霉病菌以菌核或菌丝体、分生孢子在病残体上越冬。病原菌属于弱寄生菌，从伤口、衰老的器官和花器侵入。柱头是容易感病的部位，致使果实感染软腐。花期是灰霉病侵染高峰期。病菌借气流传播和农事操作传带进行再侵染。适宜发病气温为18～23℃、湿度90%以上，低温高湿、弱光有利于发病。大水漫灌又遇连阴、雾霾天气是诱发灰霉病的最主要因素。密度过大，放风不及时，氮肥过量造成盐渍化碱性土壤缺钙，植株生长衰弱均利于灰霉病的发生和扩散。

【救治方法】

生态防治：设施栽培棚室要高畦覆地膜栽培，膜下滴灌或微喷渗浇小水。有条件的可以考虑采用滴灌措施，节水控湿。加强通风透光，尤其是阴天除要注意保温外，严格控制灌水，严防浇水过量。早春将上午放风改为清晨短时间放湿气，清晨尽可能早的放掉棚室里的雾气，其方法是：尽可能大的拉开棚膜风口，人不要走开，待棚里雾气快速排清，尽快进行湿度置换，空气透明度提高后，迅速合上风口，从而加快提温，有利于黄瓜生长。及时清理病残体，摘除病果、病叶和侧枝。注意不要在阴雨天气捆绑枝蔓。清除集中烧毁和深埋病枝蔓。合理密植，高垄栽培，控制湿度是关键。氮、磷、钾均衡施用，育苗时苗床土注意消毒及药剂处理。

药剂救治：因黄瓜灰霉病是花期侵染，冬季生产中常有菜农对其开花的幼瓜进行药剂蘸花，防控灰霉病。这对早期防控灰霉病非常重要。其配药方法是：选2.5%咯菌腈悬浮剂种衣10毫升对水1 500毫升，或用6.25%精甲霜灵·咯菌腈10毫升对水1 200毫升，或50%咯菌腈可湿性粉剂1克等进行喷花，如图38，或浸花，如图39，使花器均匀着药。也可单一用丰收2号保花药每袋药对水1.5升充分搅拌后直接喷花或浸花。幼瓜膨大期可以再重点对幼瓜瓜头感染灰霉病重点部位进行喷雾绝杀病菌。

图39　黄瓜幼瓜药剂浸花防治灰霉病

图38　黄瓜喷花模式

　　施药防治建议采用作物保健性整体防控方案，即黄瓜一生病害防治大处方进行整体预防。

　　（1）三灌两喷法：见第七部分黄瓜整体方案。

　　（2）喷雾施药法：注意黄瓜防治灰霉病绝对不能使用嘧霉胺类药剂，因黄瓜对此类药剂敏感。可采用50%咯菌腈可湿性粉剂3 000倍液、50%啶酰菌胺可湿性粉剂1 000倍液对幼瓜进行重点喷雾。单独进行灰霉病防治时可选用25%嘧菌酯悬浮剂1 500倍液+50%咯菌腈可湿性粉剂5 000倍液喷雾预防，重度发生时摘除病瓜后对所有植株和茎叶进行50%啶酰菌胺可湿性粉剂1 000倍液、62%咯菌腈·嘧菌环胺水分散粒剂3 000倍液、50%乙烯菌核利干悬浮剂1 000倍液或50%多霉清可湿性粉剂800倍液等喷雾。

<h1 style="text-align:center">疫　病</h1>

【典型症状】　疫病主要侵染叶、茎和果实。子叶染病后，病斑呈凹陷浅褐色斑点，如图40。叶片典型症状是形成水渍状暗绿色圆形大块病斑，如图41。干燥环境下叶片病斑初期呈暗绿色，病斑多薄，微透明，如图42。重症后期呈浅褐色圆形病斑，如图43，在北方设施环境下重症疫病病斑扩展合并，会有不规则状褐色大块病斑，如图44，高温干燥环境下病斑易破裂，如图45。幼瓜感染病菌后，初为水渍状暗绿色，逐渐缢缩凹陷，表面长出稀疏白霉层，腐烂，有臭味。

图40　子叶感染疫病，病斑呈凹陷　图41　叶片感染疫病呈水渍状暗绿
　　　浅褐色斑点　　　　　　　　　　　色圆形大块病斑

图42　稍干燥环境下病斑多薄，微　图43　后期病斑干枯呈圆形浅褐色
　　　透明，暗绿色

图44　重症后期呈浅褐色不规则状　　　图45　高温干燥环境下病斑破裂
　　　大块病斑

【非典型症状】

（1）像炭疽病又像疫病，如图46。这种情况在实际生产中经常遇到。仔细观察可以看到病斑稍有凹陷，失绿后病斑变薄，微透明，感病的老叶片有病斑破裂现象，应该还是属于在低温和非常潮湿环境下的疫病症状。

（2）圆形病斑，没有看到水渍状的过程，极像炭疽病的病斑，如图47，但是又没有炭疽病清晰可见的多层轮纹斑。细心观察能看出病斑暗绿色，失水边缘不明显，因错季栽培早春棚室温度低、湿度大时，病害症状可能是典型的，但是随着春季渐暖，温度提升和空气干燥后圆形大病斑浅褐色加深，隐有不明显的轮纹发生，致使常有救治用药走向炭疽病防治的误区。这种现象多因气温变化大和浇水多造成。

图46　非典型感染疫病的叶片

图47　非典型褐色病斑叶片

（3）病斑虽受叶脉限制，但是感染病菌后的扩展呈大块病斑，叶缘开始枯萎蔓延，叶斑浅褐色干枯，属于疫病症状。不排除疫病与霜霉病的复合感染，如图48。疫病菌与霜霉病菌防治用药基本一致。

图48　非典型感染扩展后呈褐色干枯叶片

【疑似症状】　感病叶片出现圆形水渍状斑，但是病斑处叶色深褐色，病斑没有透明和穿孔，干燥后病斑处长出深褐色轮纹，如图49。发生时间一般在气温较高的春、夏季节，如设施黄瓜春季后期，这是炭疽病。详情请见炭疽病的防治。

【发病原因】　病菌以菌丝体、卵孢子及厚垣孢子随

图49　疑似疫病的炭疽病叶片

病残体在土壤或粪肥中越冬。借助风、雨、灌溉水、气流传播蔓延。高温高湿、雨季积水时是发病高峰。病菌发病适宜温度为28～30℃，棚室湿度大、大水漫灌、地表无地膜覆盖、棚膜雾滴严重以及施用未腐熟的厩肥发病严重。

【救治方法】

生态防治：

（1）轮作倒茬：与葫芦科以外的作物实行轮作换茬。

（2）嫁接防病：设施越冬栽培建议采用黑、黄籽南瓜或南砧1号做砧木与黄瓜嫁接，对植株茎秆感病有较好的防治效果。

（3）田间管理：高畦栽培，避免积水，棚室栽培采用膜下暗灌、滴灌，棚室湿度不宜过大，发现中心病株及时拔除深

埋。把握好移栽定植后的棚室温、湿度，注意通风，不能长时间闷棚。

药剂救治：疫病也是流行性病害。通常一场雨持续 1～2 天，晴天后染病植株会毁于一旦。传统的防治理念是发现中心病株后立即全面喷药，并及时清除病叶带出棚外烧毁。但是病害是有潜伏期的，生产中发现中心株时其实已经有成片或大面积的植株是感病潜伏期，这个时候再谈预防时机已晚。但是什么时机是最好的预防时间呢？实践中菜农自己也无法掌握。在我们提倡作物整体性病虫害防治方案（即大处方）推广实施以来，设施蔬菜保健性的系统化防控理念应运而生。即从种子和土壤入手，保障作物一生中没有病虫害打扰和健壮生长，做到"零"病情指数，不能等到病菌侵染了才喷药和防护。早期按规律进行的健康防病保护，让病菌没有侵染机会，生产上应把握生长技术节点，树立关键时期重点防护的绿色防控新概念。

建议采用作物保健性整体防控方案，即黄瓜一生病害防治大处方进行整体预防。

（1）四灌三喷法：见第七部分黄瓜整体方案。

（2）喷雾施药法：定植成活 10 天后采用 25% 嘧菌酯悬浮剂根施用药，每 667 米^2 60 毫升灌根。也可以采用喷雾器淋灌，10 毫升对水 15 升（1 桶水）。随水滴灌用量是每 667 米^2 嘧菌酯 100 毫升，这样让黄瓜植株有健康生长的防病基础。然后进行喷药防控。发病前使用保护剂，预防可采用 75% 百菌清可湿性粉剂 600 倍液（100 克药对 4 桶水），或 56% 百菌清·嘧菌酯悬浮剂 1 000 倍液。25% 嘧菌酯悬浮剂 1 500 倍液、25% 双炔酰菌胺悬浮剂 1 200 倍液、44% 精甲霜灵·百菌清悬浮剂 500 倍液可进行根灌施药预防性控制。发病初期，选用 25% 嘧菌酯悬浮剂 1 500 倍液与 68% 精甲霜灵·锰锌水分散粒剂 700 倍液混施，或 25% 嘧菌酯悬浮剂 2 000 倍液与 25% 双炔酰菌胺悬浮剂 1 200 倍液混用根灌或喷施等。发病后期，要选用治疗剂，如 68% 精甲霜灵·锰锌水分散粒剂600倍液、62.75%氟吡菌胺·霜霉威水剂1 000倍液、72.2%霜霉威水剂1 000倍液等。不管用哪种药防治，均要喷施周到，使药液全部覆盖才可取得良好的效果。

黑 星 病

【典型症状】 黑星病主要侵染叶片、嫩茎、幼瓜，近几年此病有上升的趋势。黑星病症状比较好诊断。典型症状是叶片小型不规则斑点并伴有穿孔，如图50。叶片受害初期出现暗绿色圆形斑点，如图51，穿孔后病斑边缘有一圈浅黄色晕圈，如图52。染病茎蔓初期呈现水渍状暗绿色梭形斑，如图53，后颜色变暗，病斑凹陷龟裂，如图54，湿度大时病斑长出灰黑色霉层。幼瓜感病，病斑部位凹陷，瓜条上是梭形凹陷病斑，如图55，后形成疮痂状病斑，感病部位停止生长，形成畸形弯瓜，如图56。由于嫩茎感病引起梭形斑和叶片感病斑点穿孔，造成植株生长萎缩和叶片皱缩，使植株整体生长畸形，如图57。

图50　染病叶片小型不规则斑点并伴有穿孔

图51　染病初期为暗绿色圆形斑点

图52　病斑边缘有一圈浅黄色晕圈

图53　茎蔓染病水渍状暗绿色梭形斑

图54　茎蔓感病后病斑凹陷龟裂

图56　重症病瓜病斑处形成疮痂状
　　　并弯曲

图55　初染黑星病瓜病部水渍状凹陷

图57　感病植株整体生长萎缩，叶
　　　片畸形

【非典型症状】

（1）叶片呈浅黄褐色大块病斑且不平整，疑似施药烧灼性枯斑，叶片皱缩，有少量穿孔，如图58。因其穿孔性病斑发生在叶脉周围并连片致使黑星病症不典型，纵观整体植株仍属于黑星病症。

（2）叶片受害有暗绿色圆形病斑，也有浅黄褐色大型病斑，如图59，秧苗有感病叶片穿孔，因其有暗绿色圆形斑而使黑星病症不典型，查看其他植株生长缓慢矮小，多有畸形，病斑边缘有浅黄色晕圈，是黑星病。

图58　沿叶脉褪绿穿孔致使叶片畸形　图59　暗绿色病斑及浅黄色晕圈穿孔的非典型黑星叶片及植株

【疑似症状】

（1）叶片有圆形大白色斑点，病斑暗绿色，稍有畸形皱缩，如图60。观察叶片晕圈和穿孔，再看老叶其他染病叶片基本平展，应该是潮湿环境下的疫病，查看植株和茎蔓畸形情况基本可以排除黑星病。

（2）叶片沿叶脉周围有黄褐色褪绿斑点，不穿孔，叶片平展，如图61。查看田

图60　疑似黑星病的稍有皱缩、浅褐色枯斑的疫病叶片

间只是局部固定位置发生，根据春季冷棚种植季节和天气变化，应该是突然霜冻造成的冰点坏死黄点斑。

（3）幼瓜瓜条颜色深浅不一、粗细不均、皱缩畸形。瓜浅色部分呈不规则块状，没有黑星病典型的近圆形病斑和凹陷，如图62，应是病毒病。

图61　疑似黑星病的霜冻造成的冰点坏死褐斑

图62　疑似黑星病的黄瓜病毒病幼瓜

【发生原因】　病菌以菌丝体在病残体内在田间或土壤中越冬。种子带菌，带菌率随品种不同而异。病菌主要从叶片、果实、茎蔓的表皮直接穿透或从气孔和伤口侵入。发病适宜温度为15～25℃，有水滴、湿度93%以上是发病的重要环境因素。棚室湿度大、连续冷凉的气候条件下发病重。越冬栽培或秋延后种植的黄瓜发病概率高。

【救治方法】

选用抗病品种：选用抗病品种是既抗病又节约生产成本的最佳救治办法。品种有金胚98系列、青杂系列等。

严格检疫：严格种子检疫、调拨，选择无病种子。

种子包衣防病：选用6.25%精甲霜灵·咯菌腈悬浮种衣剂10毫升对水150～200毫升，可包衣3～4千克种子。

进行种子灭菌消毒：对种子进行温汤浸种，55～60℃恒温浸种15分钟，或用75%百菌清可湿性粉剂500倍液，浸种30～45分钟后冲洗干净催芽。均有良好的杀菌效果。

高温闷棚：针对病菌不耐高温的特性，春茬黄瓜拉秧后，进行高温闷棚，土壤耕作层20厘米内温度持续40℃5天，对土壤中残存病菌会有非常好的杀灭效果。具体方法见线虫病救治方法。

加强棚室管理：覆盖地膜，膜下浇水，或采用滴灌、微喷技术节水保温、降湿减害。发病重的大棚应进行轮作倒茬。棚室用硫黄熏蒸消毒。加强对温、湿度的控制，将温度控制在白天28～30℃，夜间15℃，相对湿度90%以下；注意放风排湿。适当通风，增强光照。配方施肥，尽量增施生物菌肥，以提高土壤通透性和根系吸肥活力。

药剂防治：建议采用作物保健性整体防控方案，即黄瓜一生病害防治大处方进行整体预防。

（1）四灌三喷法：见第七部分黄瓜整体方案。

（2）喷雾施药法：预防病害可选用56%百菌清·嘧菌酯悬浮剂800倍液、32.5%苯醚甲环唑·嘧菌酯悬浮剂1 000倍液或25%嘧菌酯悬浮剂1 500倍液、32.5%吡唑萘菌胺·嘧菌酯悬浮剂1 000～1 500倍液、10%苯醚甲环唑水分散粒剂800倍液或42.8%氟吡菌酰胺·肟菌酯悬浮剂1 500倍液等喷雾。

炭　疽　病

【典型症状】　黄瓜炭疽病是生长中后期的主要病害之一，侵染秧苗、叶片、幼瓜。苗期到成株期均可发病。幼苗期发病，真叶或子叶上呈现阴湿晕圈，圆形浅褐色病斑，如图63，近地面部位幼茎基部染病后黄褐色，逐渐缢缩，如图64，致使幼苗折倒，如图65。炭疽病典型病斑为圆形，初呈浅灰色，如图66，高湿条件下病斑呈圆形、椭圆形，黄褐色，如图67，后期为红褐色。瓜条染病后，病斑呈圆形，稍凹陷，初期浅绿色后期暗褐色，病斑表面有粉红色黏稠物。

图63　苗期炭疽病子叶上呈现阴湿晕圈，圆形浅褐色病斑

图64　幼茎基部染病后凹陷黄褐色，逐渐缢缩

图66　炭疽病初期为圆形浅灰色病斑

图65　苗期炭疽病茎基部感病缢缩凹陷易折倒

图67　高湿环境下病斑呈圆形黄褐色

图68　重症炭疽病斑呈褐色，有轮纹

【非典型症状】　感病叶片病斑深褐色，并且大块病斑因穿孔呈空洞，如图69。这是因为生长环境后期管理粗放，前期高湿后期干燥，致使病斑枯干碎裂穿孔。全面观察植株情况此症属于炭疽病后期症状。

图69　炭疽病后期病斑穿孔

【疑似症状】

（1）病斑为浅灰色圆斑，初染病时叶片呈现水渍状圆斑，病斑中心呈浅灰色，大块病斑逐渐现出褐色晕圈，只是比炭疽病斑感染面积稍大，颜色一直呈浅灰色，如图70，扩展后病斑连片呈萎蔫症状。感病初期极易与炭疽病混淆。后期长出白色霉菌后才能与炭疽病区别。应该是疫病侵染为害造成，防治时应参考疫病的防治方法。

图70　疑似炭疽病的疫病病斑叶片

（2）植株的株高、叶

图71 疑似炭疽病的磷过量造成的
褐色枯干叶片

图72 疑似炭疽病的黑星病叶片

片大小基本正常，但是叶色呈黄化失绿早衰现象。叶片有不规则褐色条斑，病斑如图71，病斑连片后仍没有轮纹或霉状物出现，雌、雄花很少，呈现有秧无瓜现象。这是因为施入过量磷肥，植株发育受到抑制，茎叶变厚，生殖生长过早老化的现象。

（3）感病叶片病斑圆形，深褐色，并且大块病斑有穿孔，稍皱褶，如图72，因叶片穿孔和皱褶，虽然病斑圆形褐色，但是上部和周围植株叶片有畸形穿孔现象，应该是疑似炭疽病的黑星病症。此病防治药剂与炭疽病相同。

【发病原因】 病菌以菌丝体或拟菌核随病残体或在种子上越冬，借雨水传播。发病适宜温度为24℃。湿度越大发病越重。棚室温度低，叶面结水珠或黄瓜吐水、结露的生长环境下病害发生重，易流行。北方秋延后棚室黄瓜病害发生重。温暖潮湿，大水漫灌，湿度大，肥力不足，植株生长衰弱发病严重。一般春季设施种植后期发病概率高，流行速度快。管理粗放，病害流行并造成损失是不可避免的，应引起高度重视，提早预防。

【救治方法】

选用抗病品种：使用抗病品种是既抗病又节约生产成本的救治办法。品种有金胚98系列、津春系列、中农5号等。

种子包衣防病：即选用6.25%精甲霜灵·咯菌腈悬浮剂10

毫升对水150～200毫升，可包衣3～4千克种子。

种子灭菌消毒：对种子进行温汤浸种，55～60℃恒温浸种15分钟；或75%百菌清可湿性粉剂500倍液浸种30分钟后冲洗干净催芽，均有良好的杀菌效果。

轮作倒茬，苗床土消毒减少侵染源（参照猝倒病病苗床土消毒配方方法）。

加强棚室管理：通风排湿气。高湿度下叶片吐水珠极易感病。避免叶片结露和吐水珠，如图73。早晨棚室黄瓜叶缘滴挂水珠说明棚室湿度过大。设施栽培，特别是越冬、早春栽培必须进行地膜覆盖和滴灌微喷，以降低湿度，减少发病机会。晴

图73　设施棚室中黄瓜叶缘滴挂水珠现象

天进行农事操作，避免阴天整枝绑蔓、采收等，不造成人为传染病害的机会。

药剂防治：建议采用作物保健性整体防控方案，即黄瓜一生病害防治大处方进行整体预防。

（1）四灌三喷法：见第七部分黄瓜整体方案。

（2）喷雾施药法：预防病害可选用56%百菌清·嘧菌酯悬浮剂800倍液、32.5%苯醚甲环唑·嘧菌酯悬浮剂1 000倍液、32.5%吡唑萘菌胺·嘧菌酯悬浮剂1 000～1 500倍液、10%苯醚甲环唑水分散粒剂800倍液或42.8%氟吡菌酰胺·肟菌酯悬浮剂1 500倍液等喷雾。

白　粉　病

【典型症状】　黄瓜全生育期均可以感病。主要感染叶片、茎蔓。发病初期在叶面或叶背产生白色圆形霉状物粉斑点，如图74，从下部叶片开始染病，逐渐向上发展。严重感染后叶

面会有一层白色霉层，如图75。发病重时感染枝干、茎蔓，如图76。发病后期感病部位白色霉层呈灰褐色，叶片发黄坏死，如图77。

图74 初染白粉病叶面产生白色圆形霉状斑点

图75 白粉病从下部叶片开始染病逐渐向上发展

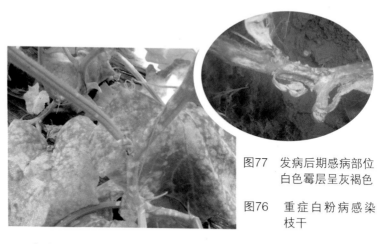

图77 发病后期感病部位白色霉层呈灰褐色

图76 重症白粉病感染枝干

【发病原因】 病菌以闭囊壳随病残体在土壤中越冬。越冬栽培的棚室可在棚室内作物上越冬。借气流、雨水和浇水传播。温暖潮湿、干燥无常的种植环境，阴雨天气及密植、窝风环境易发病、流行。大水漫灌，湿度大，肥力不足，植株生长后期衰弱发病严重。

【救治方法】

生态防治：合理密植，选用抗白粉病的优良品种，一般常种的品种有金胚系列、冬绿、津绿系列等。

适当增施生物菌肥及磷、钾肥，加强田间管理，降低湿度，增强通风透光，收获后及时清除病残体，并进行土壤消毒。棚室拉秧后及时用硫黄熏蒸消毒。

药剂防治：建议采用作物保健性整体防控方案，即黄瓜一生病害防治大处方进行整体预防。制定系统化防控整体大处方，在整个生育期内按步骤主动进行总体防控。尤其是早期根施嘧菌酯，对整个生育期的白粉病防控会非常主动。

（1）四灌三喷法：见第七部分黄瓜整体方案。

（2）喷雾施药法：可选用32.5%吡唑萘菌胺·嘧菌酯悬浮剂1 500倍液、56%百菌清·嘧菌酯悬浮剂800倍液、32.5%苯醚甲环唑·嘧菌酯悬浮剂1 000倍液、42.8%氟吡菌酰胺·肟菌酯悬浮剂1 500倍液、42.2%氟唑菌酰胺·吡唑醚菌酯悬浮剂2 000倍液、10%苯醚甲环唑水分散粒剂800倍液或25%嘧菌酯悬浮剂1 500倍液，中后期重度染病喷施30%嘧菌酯·丙环唑乳油3 000倍液或30%苯醚甲环唑·丙环唑悬浮剂3 000倍液等。

菌核病

【典型症状】 整个生长期均可以发病，生长后期发生较多，植株各个部位均可感病。初期叶片染病呈水渍状大块病斑，偶有轮纹，易脱落，如图78，幼瓜从瓜头开始染病，水渍状阴湿腐烂，生出浓密絮状白色菌丝，如图79。茎蔓染病多从下部或叶柄基部侵染，呈水渍状阴湿凹陷腐烂，如图80。湿度大时，皮层霉烂，主干病茎表面易破裂，感病后期病部凹陷，病斑表面长出白色菌丝体，后形成絮状，有黑色菌核生成，如图81，也就是人们常看到的老鼠屎链状霉状物。

图78 感染菌核病的叶片呈水渍状大块病斑

图79 幼瓜染病顶部水渍状，生出浓密絮状白色菌丝

图80 茎染病叶柄基部呈水渍状凹陷，生出浓密白色菌丝

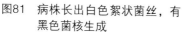

图81 病株长出白色絮状菌丝，有黑色菌核生成

【非典型症状】 感病叶片叶缘大块病斑浅褐色干枯缺刻，因没有阴湿环境症状不典型，如图82。此时多与疫病混淆，持续观察，后续会有菌丝体产生。查看其他病叶背面病斑边缘处仍可见有浓密菌丝体，如图83，这是棚室干燥环境下症状不典型的表现，应该是菌核病症状。

图82　大块病斑浅褐色干枯缺刻的　　图83　病斑叶片背面边缘处仍可见
　　　　非典型菌核病叶片　　　　　　　　　　有浓密菌丝体

【疑似症状】　　菌核病在设施生产实践中多与疫病症状相混淆。但是菌核病后期会有浓密的菌丝体和老鼠屎状的菌核生出，且植株腐烂折倒，而疫病后期虽会有菌丝出现但是菌丝稀疏，并不茂密。疫病病瓜水烂，病斑有些透明，没有可见的菌丝体。两者在细细观察后会有所差异。

【发病原因】　　菌核病多在重茬地、老菜区发生严重。病菌主要以菌核在田间或设施棚室中或混杂在种子里越冬。春天子囊孢子随气流、伤口、叶孔侵入，也可由萌发的子囊孢子芽管穿过叶片表皮细胞间隙直接侵入，适宜发病温度为16～20℃，越冬栽培模式、早春低温高湿、连阴天、多雾天气发病重。

【救治方法】

生态防治：

（1）设施栽培覆盖地膜，阻止病菌出土，尽早排湿、保温，摘除老叶，净化生长环境。

（2）土壤表面药剂处理：每立方米土加入6.25%精甲霜灵·咯菌腈悬浮剂100毫升，拌均匀撒在育苗床上，或用500倍药液封闭土壤表面。

（3）及时清理病残体，集中烧毁。

药剂救治：建议采用作物保健性整体防控方案，即黄瓜一生病害防治大处方进行整体预防。

（1）四灌三喷法：见第七部分黄瓜整体方案。

（2）喷雾施药法：注意黄瓜菌核病绝对不能使用嘧霉胺类药剂防治，因黄瓜对此类药剂敏感。可采用25%嘧菌酯悬浮剂1 500倍液、32.5%吡唑萘菌胺·嘧菌酯悬浮剂1 200倍液、56%百菌清·嘧菌酯悬浮剂800倍液、50%咯菌腈可湿性粉剂3 000倍液、50%啶酰菌胺可湿性粉剂1 000倍液重点预防。防治时可选用25%嘧菌酯悬浮剂1 500倍液+50%咯菌腈可湿性粉剂5 000倍液喷施预防，重度发生时摘除病瓜后对所有植株和茎、叶进行50%啶酰菌胺可湿性粉剂1 000倍液、62%咯菌腈·嘧菌环胺水分散粒剂3 000倍液、50%乙烯菌核利干悬浮剂1 000倍液或50%多霉清可湿性粉剂800倍液等喷雾。

靶 斑 病

【典型症状】　靶斑病是一个偶发的普通病害，多发生在黄瓜夏秋茬。随着设施蔬菜的面积扩大，种植水平和肥水技术的进步以及重茬、连作增多，靶斑病的发生流行已经严重威胁秋延后、越冬黄瓜的生产和优质商品瓜的收益。靶斑病常与细菌性角斑病混合发生，易混淆用药，因此常常有药害发生。靶斑病应引起菜农和蔬菜标准园区以及家庭农场主们的重视。

【典型症状】　靶斑病是真菌性病害，主要为害叶片。染病初期呈浅褐色、圆形凹陷小病斑，犹如一个个点状靶心，如图84。病斑边缘清晰，有晕圈，病斑中心点状灰白色，如图85。高湿环境晕圈水渍状。病斑扩展又受叶脉限制呈小多角形或不规则形，如图86。染病后期叶片背面病斑上生出黑色霉状物，如图87，这也是与细菌性角斑病的重要区别。

图84　初染靶斑病呈浅褐色、圆形凹陷小型病斑

图85　靶斑病病斑边缘清晰，有晕
　　　圈，中心点灰白色

图86　重度扩展靶斑病呈
　　　不规则或角形病斑

图87　发病后期叶片背
　　　面病斑上生出黑
　　　色霉状物

【疑似症状】　病斑初呈圆形水渍状黄色斑点，如图88，叶背面阴湿逐渐干枯后病斑呈白色。但是重症发病后叶背面没有霉状物产生，只阴湿和有异味，如图89，应该是细菌性斑点病，按照细菌性病害防治。

图88　疑似靶斑病的细菌性斑点病
　　　受叶脉限制的角斑

图89　疑似靶斑病的叶片叶背阴
　　　湿，有异味，没有霉状物

【发病原因】 病菌以分生孢子或菌丝体、菌核、厚垣孢子随病残体在土壤中越冬。来年分生孢子借气流和雨水飞溅传播。温暖潮湿有利于发病，发病适宜温度20～30℃，湿度大于90%，雨水多的季节发病重。高温高湿，管理粗放，连茬种植，棚里病残体多的发病重。

【救治方法】

生态防治：

（1）清除病残体：拉秧时清理棚室，及时把病秧植株带出棚外，集中烧毁。

（2）与非葫芦科作物倒茬、轮作。如豆类、茄果类等。

（3）高垄栽培，加强田间管理，增施有机肥和藻菌肥。雨后及时排水。设施栽培严禁大水漫灌，尤其是北方越冬栽培的棚室，最好采用滴灌设备，降低棚内湿度，增加通风次数，春季升温季节一般采用风口二次放风，尽快降低棚内湿度和雾气，使之迅速增温，有利于黄瓜生长和减少病害发生。

药剂防治：建议将此病纳入保健性系统化防控整体方案，即绿色大处方中，在整个生育期内按步骤主动进行总体防控（见第七部分）。可以选用32.5%吡唑萘菌胺·嘧菌酯悬浮剂1 000倍液、32.5%嘧菌酯·苯醚甲环唑悬浮剂1 000倍液、56%嘧菌酯·百菌清悬浮剂800倍液、50%咯菌腈可湿性粉剂2 000倍液、42.4%氟吡菌酰胺·肟菌酯悬浮剂1 500倍液、42.2%氟唑菌酰胺·吡唑醚菌酯悬浮剂2 000倍液、10%苯醚甲环唑水分散粒剂800倍液或25%嘧菌酯悬浮剂1 500倍液。中后期重度染病喷施30%嘧菌酯·丙环唑乳油3 000倍液或25%苯醚甲环唑·丙环唑乳油3 000倍液。

细菌性角斑病

【典型症状】 黄瓜角斑病是细菌性病害。主要为害叶片、叶柄和幼瓜。整个生长时期病菌均可以侵染。苗期感病子叶呈水渍状黄色凹陷斑点。叶片感病初期病斑受叶脉限制，叶正面有时呈小型多角形病斑，如图90，叶背为浅绿色水渍状斑，如图91，渐渐叶面变成浅褐色坏死病斑，如图92，这是易与霜霉病症状混淆的病害。但是细菌性角斑病后期病斑逐渐变灰褐色，棚室温湿度大时，叶背面会有白色菌脓溢出，如图93，这是区别于霜霉病的主要特征。干燥后病斑部位脆裂穿孔。

图90　细菌性角斑受叶脉限制呈小型多角形

图91　叶背为浅绿色水渍状斑

图92　重度发生叶面变成浅褐色坏死病斑

图93　湿度大时叶背溢出白色菌脓

【疑似症状】　细菌性角斑病侵染黄瓜初期是黄褐色斑点，继而出现角斑，伴有菌脓出现。菌脓和臭味是区别霜霉病与细菌性角斑病的主要特征。但是生产中常出现叶片伴有黄色斑点，但没有水渍状斑和菌脓，如图94，没有发展为角斑，只是围绕叶脉周围有密度不同的黄色斑点。考察栽培方式、作物生长特性、季节等因素发现，多为早春、深冬季节大温差的栽培环境下出现的症状，随着气温的升高，植株上部叶片症状逐渐消失。放大叶片局部观察和分析棚室温度条件，判断是深冬或早春夜间温度低于5℃叶脉水滴结成的冰点，冻伤叶肉细胞所致，如图95。

图94　疑似细菌性病害的低温寒害　　图95　疑似细菌性病害的低温寒害
　　　造成的冰点斑　　　　　　　　　　　造成的冰点斑放大照

【发病原因】　病菌属于细菌，可在种子内、外和病残体上越冬。病菌主要从叶片或瓜条的伤口及叶片气孔侵入，借助飞溅水滴、棚膜水滴下落或结露、叶片吐水、农事操作、雨水、昆虫、气流传播蔓延。发病温度范围在10～30℃，适宜发病温度24～28℃，相对湿度75%以上均可促使细菌性病害流行。但是50℃、10分钟细菌就会死亡。昼夜温差大、露水多、重茬、低洼、排水不良、放风不及时，以及阴雨天气整枝绑蔓损伤叶片、枝干、幼嫩果实造成的伤口均是病害大发生的重要因素。

【救治方法】

选用耐病品种：引用抗寒性强的杂交品种，如满田系列、中农5号、津绿系列等。

农业措施：清除病株和病残体并烧毁，病穴撒入石灰消毒。深耕土地，注意放风排湿，采用高垄栽培，严格控制阴天带露水或潮湿条件下的整枝绑蔓等农事操作。

种子消毒：可以温水浸种，55℃温水浸种15分钟，或用200万单位硫酸链霉素浸种1～2小时，洗净后播种。

药剂防治：此病极易与靶斑病混合发生，为很好预防细菌性病害建议采用"阿加组合"防控，即25%嘧菌酯悬浮剂10毫升+47%春雷·王铜可湿性粉剂30克对15升水喷施或淋喷，10～15天喷施一次。实践证明，配合田间控湿管理，防控效果理想。也可以单独采用47%春雷·王铜可湿性粉剂400倍液、3%中生霉素可湿性粉剂800倍液、30%噻唑锌可湿性粉剂800倍液、30%噻菌酮可湿性粉剂800倍液、77%氢氧化铜可湿性粉剂600倍液或27.12%铜高尚悬浮剂800倍液喷施或灌根。每667米^{2}用硫酸铜3～4千克撒施后浇水处理土壤可以预防细菌性病害。注意所选择的药品交替使用，降低抗性风险。

细菌性斑点病

【典型症状】 黄瓜斑点病是细菌性病害。主要为害叶片、茎蔓和幼瓜。整个生长时期病菌均可以侵染。染病叶片呈水渍状圆形凹陷病斑，如图96。病斑逐渐呈褐色，有晕圈，透明状，如图97，干燥环境病斑易破裂穿孔，如图98，潮湿环境会有菌脓出现。细菌性斑点病和细菌性角斑病都是细菌性病害，只是病原细菌株系不同，症状上叶片感染后病斑形态有所区别。

图96 染病叶片呈水渍状圆形凹陷病斑

图97 病斑逐渐呈褐色有晕圈透明状

图98 干燥环境病斑易破裂穿孔

【疑似症状】

（1）生产中细菌性斑点病与靶斑病常混合发生。因其症状都是斑点和病斑中心白化，极易误诊。靶斑病病斑边缘清晰，有晕圈，病斑中心点状灰白色，如图99。高湿环境晕圈水渍状，叶背面有霉状物，关键区别是靶斑病在潮湿环境下病斑不穿孔。细菌性叶斑病，潮湿环境下病斑穿孔。这是在设施环境下的诊断依据之一。

（2）叶片病斑边缘清晰，没有斑晕，病斑白化，如图100，疑似细菌性叶斑病。查看叶背面没有阴湿、病斑干爽无异味、斑点不受叶脉限制，查问菜农近期喷药种类有增施有机硅或乳油类药剂施药史，应该与施药渗透性灼伤药害有关。黄瓜叶片细胞壁角质层薄，含水量大，随意增施有机硅或乳油都会增加其叶片的吸收渗透速度，增加叶肉细胞的过快渗透和叶肉细胞的呼吸代谢，渗透加速的同时也会加速叶片细胞的呼吸加快甚至衰竭，直接造成叶片褪绿直至白化死亡，呈现出烧灼性白斑症状。

图99　疑似细菌性叶斑病的靶斑病

图100　疑似细菌性叶斑病的有机硅渗透剂药害白斑

【发病原因】 病菌属于细菌，可在种子内、外和病残体上越冬。病菌主要从叶片或瓜条的伤口及叶片气孔侵入，借助飞溅水滴、棚膜水滴下落或结露、叶片吐水、农事操作、雨水、昆虫、气流传播蔓延。发病温度范围在 10 ~ 30℃，适宜发病温度 24 ~ 28℃，相对湿度 75% 以上均可促使细菌性病害流行。但是 50℃、10 分钟细菌就会死亡。昼夜温差大、露水多、重茬、低洼、排水不良、放风不及时，以及阴雨天气整枝绑蔓损伤叶片、枝干、幼嫩果实造成的伤口均是病害大发生的重要因素。

【救治方法】

选用耐病品种：引用抗寒性强的杂交品种，如满田系列、中农 5 号、津绿系列等。

农业措施：清除病株和病残体并烧毁，病穴撒入石灰消毒。深耕土地，注意放风排湿，采用高垄栽培，严格控制阴天带露水或潮湿条件下的整枝绑蔓等农事操作。

种子消毒：可以温水浸种，55℃温水浸种 15 分钟，或用 200 万单位硫酸链霉素浸种 1 ~ 2 小时，洗净后播种。

药剂防治：此病极易与靶斑病混合发生，为很好预防细菌性病害建议采用"阿加组合"防控，即 25% 嘧菌酯悬浮剂 10 毫升 +47% 春雷·王铜可湿性粉剂 30 克对 15 升水喷施或淋喷，10 ~ 15 天喷施一次。实践证明，配合田间控湿管理，防控效果理想。也可以单独采用 47% 春雷·王铜可湿性粉剂 400 倍液、3% 中生霉素可湿性粉剂 800 倍液、30% 噻唑锌可湿性粉剂 800 倍液、30% 噻菌酮可湿性粉剂 800 倍液、77% 氢氧化铜可湿性粉剂 600 倍液或 27.12% 铜高尚悬浮剂 800 倍液喷施或灌根。每 667 米^2 用硫酸铜 3 ~ 4 千克撒施后浇水处理土壤可以预防细菌性病害。注意所选择的药品交替使用，降低抗性风险。

软腐病（流胶病）

【典型症状】 软腐病是细菌性病害，主要发生在幼瓜、茎蔓上。北方越冬栽培黄瓜进入盛瓜期时发病多。染病初期瓜柄开始渗透黏性水珠，如图101，横切瓜柄没有异常，无异味，如图102。重症从瓜柄处流出浅乳黄色脓状物，如图103，茎蔓水渍状叶腋处流出乳白色脓液，如图104，后期病瓜软化腐烂。

图101　初染病瓜柄处渗出黏性水珠

图102　病瓜横断面无异常

图103　重症瓜从瓜柄处流出浅乳
　　　　黄色脓状物

图104　茎蔓水渍状，叶腋处流出
　　　　乳白色脓液

【疑似症状】 感病瓜头除有稀疏菌丝外渗出无色水珠，如图105。茎蔓无异常，持续观察病瓜头长出浅灰色病菌，如图106，应该是低温弱光潮湿环境下的灰霉病症状。北方越冬栽培，雾霾天气，棚室湿度大时发生较重。

图106　疑似软腐病的灰霉病瓜头后期症状

图105　疑似软腐病的灰霉病初期症状

【发病原因】 黄瓜软腐流胶病最初并没有明确是细菌性病害，只认为是冬季寒冷的水珠感染，持续观察出现褪绿透明后软腐溃烂才初步确认是细菌性病害。越冬栽培模式下阴霾弱光高湿环境的棚室发生重。病菌在种子内、外和病残体上越冬（李宝聚，2015）。病菌主要从叶片、掐须或瓜条的伤口、棚膜水滴下落、结露、叶片吐水、农事操作、雨水、昆虫、气流传播蔓延。发病温度范围在22～30℃，相对湿度80%以上均可促使细菌性病害流行。阴雨天气整枝绑蔓、掐须时损伤造成的叶片、枝干、幼嫩果实伤口均是病害大发生的重要因素。

【救治方法】

农业措施：清除病株和病残体并烧毁。深耕土地，及时清除病残体，设施种植的清秧后立即高温闷棚，大水漫灌后，晾墒、排湿后再种植防病效果会非常明显。具体闷棚操作程序见枯萎病防治。

种子处理：

（1）干热灭菌：即60℃温箱处理24小时后取出催芽。

（2）药剂浸种消毒：0.5%次氯酸钠溶液浸泡20分钟，清水洗净后催芽播种。也可以用200万单位硫酸链霉素浸种1～2小时，洗净后播种。

加强栽培管理：越冬栽培模式建议采用滴灌设备，高垄栽培。阴霾天气尽量减少农事操作，及时清除摘下来的茎蔓和枝须，保持棚内清洁和空气畅通。根据天气预报浇水。雾霾雨雪天气的前后5天不浇水。严格控制棚内湿度，减少人为走动带来的不必要的伤口侵染。

药剂防治：建议将其纳入黄瓜整体保健性防控方案中，用四灌三喷法。

细菌性病害常与真菌性的靶斑病、灰霉病混合发生，为很好预防细菌性病害建议采用"阿加组合"防控，即25%嘧菌酯悬浮剂10毫升+47%春雷·王铜可湿性粉剂30克对15升水喷施或淋灌，15～20天淋喷一次。实践证明，配合田间控湿管理，防控效果理想，也可以配合滴灌进行水肥药一体化处理。

单独防治可以采用47%春雷·王铜可湿性粉剂400倍液、3%中生霉素可湿性粉剂800倍液、30%噻唑锌可湿性粉剂800倍液、30%噻菌酮可湿性粉剂800倍液或77%氢氧化铜可湿性粉剂600倍液喷施。每667米^{2}用硫酸铜3～4千克撒施后浇水处理土壤可以预防细菌性病害。注意所选择的药品交替使用，降低抗性风险。

枯 萎 病

【典型症状】 黄瓜枯萎病发病一般在开花结瓜初期，感病植株初期发病先表现为上部或部分叶片、侧蔓中午时间呈萎蔫状，如图107，看似因蒸腾脱水，晚上恢复原状态。而后萎蔫部位或叶片不断扩大增多，逐步遍及全株致使整株萎蔫枯死，如图108。接近地面茎蔓纵裂，剖开茎秆可见维管束变褐，如图109。湿度大时感病茎秆表面生有灰白色霉状物。

图108 枯萎病整株萎蔫枯死

图107 蒸腾脱水后的黄瓜枯萎病植株

图109 茎蔓纵裂，剖开茎秆可见维管束变褐

【疑似症状】

（1）植株整体萎蔫，全棚病症一致，如图108。查看上部叶片没有褪绿，叶片叶缘卷曲后萎蔫，土壤表面青苔严重，拔出根部查看，根系黄褐色，没有新生根和毛细根生长迹象，应该是土壤盐渍化造成的植株萎蔫，改善土壤环境是首要任务。

（2）黄瓜植株叶片低垂式萎蔫，茎蔓硬挺，如图109。查看田间生长环境，土壤干旱、板结，问询近期天气变化，持续阴霾天气的突然晴天后突发植株萎蔫现象，应该是突然高温造成的生理性脱水性萎蔫。尽快补水和冲施生物动力素如55%益施帮水剂每667米²200毫升，会有很好的缓解效果。

图110　疑似枯萎病的土壤盐渍化　图111　疑似枯萎病的高温下生理
　　　　造成的黄瓜萎蔫　　　　　　　　性脱水黄瓜萎蔫

【发病原因】　枯萎病菌系镰刀菌，通过导管维管束从病茎向果实、种子侵染，形成萎蔫性土传系统性病害。从苗期到生长发育期均可染病。以菌丝体、厚垣孢子或菌核在土壤、未腐熟的有机肥中越冬，可在土壤中存活8年以上。从伤口、根系的根毛细胞间侵入，进入维管束并在维管束中发育繁殖，堵塞导管，致使植株迅速萎蔫，经导管纵向发展快，致使植株营养通道逐渐堵塞，这就是枯萎病常发生的生长缓慢，植株白天萎蔫，晚上稍微缓解，几经复始，逐渐萎蔫枯死的过程。盛瓜期植株生长旺盛，营养需求强烈时发病重。发病适宜温度24～25℃，病害发生严重程度取决于土壤中可侵染菌量。重茬，连作，土壤干燥，黏重土壤发病严重。

选择抗病品种：如金胚系列黄瓜种子、博美系列、津绿、硕密等均可较好的抗枯萎病。

生态防治：

（1）种子包衣消毒：选用6.25%精甲霜灵·咯菌腈悬浮种衣剂10毫升对水150～200毫升，可包衣3～4千克种子，进行种子杀菌防病。

（2）土壤处理：土壤消毒的药剂配方为取大田土与腐熟的有机肥按6∶4混匀，并按每立方米苗床土加入100克68%精甲霜灵·锰锌水分散粒剂和2.5%咯菌腈悬浮液100毫升，或用6.25%咯菌腈·精甲霜灵悬浮剂100毫升拌土并一起过筛混匀。用这样的土装入营养钵或做苗床土表土铺在育苗畦表面，或在播种覆土后用68%精甲霜灵·锰锌水分散粒剂600倍液封闭覆盖播种后的土壤表面杀菌。

（3）加强田间管理：适当增施生物菌肥和磷、钾肥。降低湿度，增强通风透光，收获后及时清除病残体，并进行土壤消毒。

（4）嫁接防病：采用黄籽或白籽南瓜与黄瓜嫁接进行换根处理是当前最有效防治因重茬造成的枯萎病的方法，如图112。嫁接方式有许多种，生产中常用靠接（图113）、插接（图114）、劈接等方式。

图112　嫁接育好备用的南瓜砧木苗

嫁接技术提示：靠接方法嫁接接穗先于砧木10天左右播种育苗，而插接法则是砧木先于接穗7～10天播种。

（5）高温闷棚土壤灭菌：高温闷棚杀菌技术测试结果表明，闷棚处理5～20厘米土层最高温度可达45～60℃，而不闷棚的最高温度仅达30～40℃，随着温度升高及时间的持续

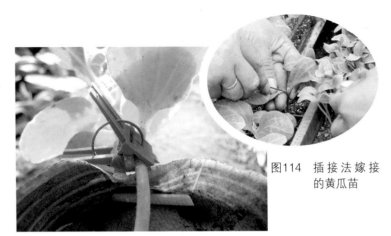

图114　插接法嫁接
　　的黄瓜苗

图113　靠接法嫁接的黄瓜苗

延长，土壤病菌的微菌核萌发率均呈下降趋势。试验示范充分证明了棚室生产中，利用日光能土壤高温消毒（高温闷棚）法防治黄瓜枯黄萎病、线虫病是经济有效且符合绿色蔬菜生产要求的方法之一。

　　操作方法是秸秆+粪+尿素+速腐剂+85％土壤水量闷棚法，最新日光能土壤高温闷棚防治线虫、枯萎病效果试验示范结果证明，此法是最有效的。操作程序是：

　　①对连年种植的重茬地块，利用夏季休闲期，选择连续高温天气，将腐熟的6～7米^{3}农家肥、鸡粪混入尿素（最好是碳铵）10千克，加入松化物质秸秆每667米^{2}2 500千克，粉碎后的秸秆均匀撒施于棚室种植层表面，如图115。

　　②撒施促进秸秆腐熟和软化的生物发酵的腐菌酵素，每667米^{2}2～4千克，如图116。

　　③深翻旋耕，土壤深翻40～50厘米，如图117。

　　④浇水，大水浇透，不要有明水，地面呈现湿乎乎的感觉为合适，如图118。土壤含水量以从视觉上看不到积水为适宜。

　　⑤覆盖地膜，进行闷棚，如图119。一般7～8月闷棚

20～30天（也可15天后深翻地再次大水漫灌闷棚，持续15天，这样可有效降低线虫的为害，处理后的土壤栽培前应注意增施磷、钾肥和生物菌肥，一般增施生物有机肥50千克左右）。插上地温表测试不同耕作层的土壤温度，如图120。一般测试耕作层10厘米和20厘米土壤温度。

图115 均匀撒施农家肥、尿素、粉碎后的秸秆于棚室种植层表面

图116 撒施促进秸秆腐熟和软化的生物发酵速腐剂

图117 深翻旋耕

图118 大水浇透，不要有明水

图119 覆盖地膜进行闷棚

图120 插上地温表测试不同耕作层的土壤温度

封闭闷棚结束后，揭去地膜，耙晒土壤，一周后即可播种。

（6）定植时沟施生物菌药处理：用30亿活芽孢/克枯草芽孢杆菌可湿性粉剂（枯黄萎菌株系）每667米²1～2千克拌药土，对每株穴施后定植有较好的预防效果。

黄瓜枯萎病最佳防治时期有两个：一个是定植前每667米²沟施枯草芽孢杆菌2千克，另一个是初瓜期每667米²淋根或冲施枯草芽孢杆菌2～3千克。尤其是重茬死秧严重的地块，活化土壤、刺激根系活性、增施有机肥是解决土传病害的有效措施。

药剂防治：黄瓜枯萎病的综合防控技术已经纳入黄瓜整体解决方案中，即：

（1）四灌三喷法：见第七部分黄瓜整体方案。

（2）灌根施药法：可选用30亿活芽孢/克枯草芽孢杆菌可湿性粉剂（枯萎菌株系）800倍液、80%多菌灵可湿性粉剂600倍液、75%百菌清可湿性粉剂800倍液、2.5%咯菌腈悬浮剂1 000倍液或70%甲基硫菌灵可湿性粉剂500倍液，每株250毫升，分别在生长发育期、开花结果初期、盛瓜期连续灌根，早防早治效果明显。

蔓枯病

【典型症状】　主要为害茎蔓和叶片、叶柄。叶片发病多从叶缘、叶柄基部开始长有不规则深褐色坏死斑，如图121。蔓枯病多与氮过剩有直接关系。一般植株因氮素过量植株浓绿，有瓜打顶现象。茎蔓染病多在茎节部位形成水渍状深绿色纵裂，如图122。苗期感病茎蔓、叶柄初深褐色坏死，进而倒伏萎蔫，如图123。逐渐扩展到茎基部呈深绿色或灰白色不规则坏死纵裂，如图124。重度发病会迅速造成茎蔓纵裂，如图125，后期导致萎蔫性枯死，这种症状常与枯萎病症混淆。生产中常因茎蔓枯竭而使植株枯萎、死秧，致使黄瓜严重减产。

【发病原因】　病菌在病残体上、土壤内、棚室内越冬，

图121 叶缘红褐色的蔓枯病坏死斑

图122 茎蔓染病茎节部位形成水渍状深绿色纵裂

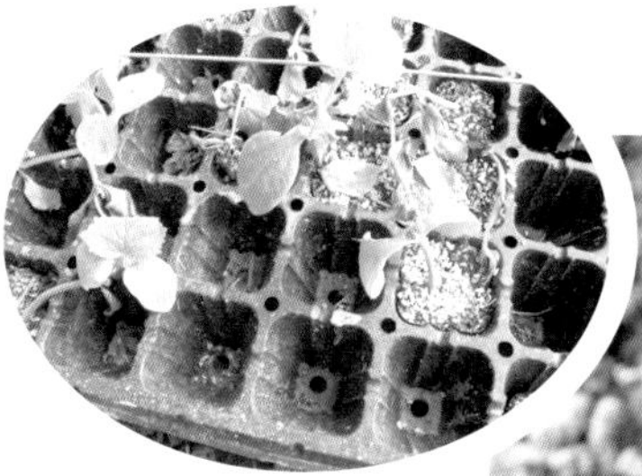

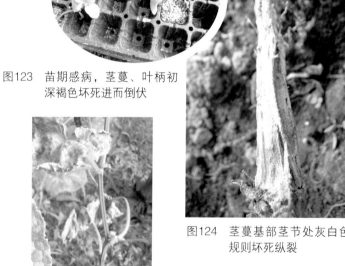

图123 苗期感病，茎蔓、叶柄初深褐色坏死进而倒伏

图124 茎蔓基部茎节处灰白色不规则坏死纵裂

图125 重症蔓枯病茎秆缢折

二、黄瓜病害典型与非典型、疑似症状的诊断与救治

也可在种子表皮上越冬。通过浇水、气流或农事操作传播。病菌传播适宜温度20～24℃，空气湿度85%以上，种植密度过大，通风不良容易发病。氮肥过量或盐渍化土壤生长势较弱，大水漫灌、连作、平畦种植、排水不畅均利于病害发生。

【救治方法】

生态防治：

（1）轮作倒茬：与非葫芦科作物实行2～3年倒茬，注意清除病残体。

（2）种子消毒：55℃温水浸种30分钟或70℃干热灭菌24～48小时，或用硫酸链霉素200毫克/千克浸种2小时。

（3）合理施肥：施足有机肥，增施生物菌肥、氨基酸钾肥。生产中增施海藻菌肥对改善土壤活力和根系营养吸收，降低蔓枯病发生率有明显的效果。

（4）高温闷棚：春茬收获后拉秧闷棚对土壤带菌、连茬障碍是必须要进行的农事操作程序，不能省略。具体方法见枯萎病防治。

药剂防治：定植时沟施生物菌药处理：用30亿活芽孢/克枯草芽孢杆菌可湿性粉剂（枯黄萎菌株系）每667米^{2}1～2千克拌药土对每株穴施后定植有较好的预防效果。尤其是重茬死秧严重的地块，活化土壤、刺激根系活性、增施有机肥是解决土传病害的有效措施。

黄瓜蔓枯病的综合防控技术已经纳入黄瓜整体解决方案中，即：

（1）四灌三喷法：见第七部分黄瓜整体方案。

（2）灌根施药法：可选用30亿活芽孢/克枯草芽孢杆菌可湿性粉剂（枯萎菌株系）800倍液、80%多菌灵可湿性粉剂600倍液、75%百菌清可湿性粉剂800倍液、2.5%咯菌腈悬浮剂1000倍液或70%甲基硫菌灵可湿性粉剂500倍液喷施或灌根。瓜农采用32.5%苯醚甲环唑·嘧菌酯悬浮剂100倍液+40%春雷·王铜可湿性粉剂400倍液混配后喷施和涂抹裂蔓病茎处效果不错。

病 毒 病

近年来，设施黄瓜病毒病的发生有所抬头，原本不作为重点病害，但是近几年黄瓜病毒病发生较重。这与设施栽培、种传和生态防治不足有很大的关系。在设施栽培中，防治传毒媒介仍是防治病毒病的重中之重。

【典型症状】 黄瓜病毒病的感病症状有花叶、黄化、畸形等多种。生产中常见的主要有花叶，如图126。出现病症时，叶片叶脉稍透明，叶色深浅不一，形成斑驳花叶，如图127，植株有明显畸形或矮化，如图128。重症时叶片凹凸不平，皱缩畸形，植株生长缓慢，严重矮化，如图129。幼瓜感病瓜面有凹凸不平的凸起，生成没有商品意义的畸形瓜，如图130，非常疑似黑星病病瓜。

图126　黄瓜病毒病花叶症状　　图127　叶色深浅不一的斑驳花叶
　　　　　　　　　　　　　　　　　　　　　　 症状

【疑似症状】 在现实生产中我们会遇到非常多的类似病毒病的药害症状，也是菜农经常误诊，乱用农药造成的。

（1）"疱疹病斑"，如图131，常误诊为病毒病。在区别此类病症时首先查看上部枝叶与下部叶片是否一致，整个植株长势是否与周围植株相同，没有矮化现象。病毒病的发生是零星单棵，不会成片。而此病症则是接近中下位置，局部发生凹凸不平的疱状病斑，应该是细菌引起的疱斑病。

图128　皱缩畸形花叶症植株

图129　重症植株矮化

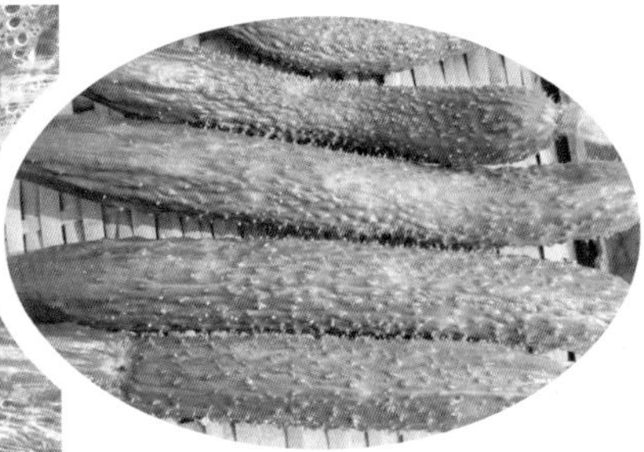

图131　疑似病毒皱缩花叶的细菌性凹凸疱斑

图130　没有商品价值的畸形瓜

　　（2）黄瓜表面无凹凸，但畸形，瓜面有深有浅，如图132，病瓜上有大小不一带有褐色的凹陷病斑。观察叶片虽然有畸形穿孔，但没有斑驳花叶，应该是黑星病所致。

　　（3）幼瓜畸形，不伸长，球形，如图133，俗称瓜佬。颜

图132 疑似病毒病畸形瓜的黑星 图133 疑似病毒病的施用抑制生
病病瓜 长类激素或杀菌剂副作用
所致的瓜佬

色正常，植株没有异常，有使用增瓜灵和唑类杀菌剂史，应是使用抑制生长类药剂的副作用所致。

【发病原因】 病毒是不能在病残体上越冬的，其只能靠冬季尚还种植在棚室里的蔬菜、棚内存活的多年生杂草、蔬菜种株做寄主存活越冬。来年在存活寄主上依靠虫传和接触及伤口传播，通过整枝打杈等农事活动传染。蚜虫取食传播，是病害发展蔓延的主要渠道。高温干旱适合病毒病发生，有利于蚜虫繁殖和传毒。管理粗放，田间杂草丛生和紧邻十字花科留种田的地块发病重。铲除传毒媒介是防治病毒病关键中的关键。

【救治方法】

生态防治：

（1）彻底铲除田间杂草和周围越冬存活的蔬菜老根，尽量远离十字花科制种田。越冬蔬菜棚室，换茬时要彻底拔清棚内所有生长中的其他蔬菜和杂草，切断蚜虫的食源（最好药剂熏棚），一周后再定植下茬作物。

（2）引进选用较抗病或耐病品种、如金胚系列、津优系列等。

（3）增施有机肥，培育大龄苗、粗壮苗，加强中耕，及时灭蚜，增强植株本身的抗病毒能力。

（4）利用蚜虫的驱避作用，设置防蚜黄板。

（5）秋延后种植除要适当晚播避开蚜虫迁飞时机外，最好在育苗时加护防虫网，采用两网一膜（即防虫网、遮阳网、棚膜）来降低棚温和蚜虫、白粉虱、蓟马的为害，加防虫网是设施蔬菜棚室最有效阻断传毒媒介的措施。没有条件的可采用小规模育苗的小拱棚防虫网，利用蚜虫驱避性可采用银灰膜避蚜。

药剂防治：

（1）种子处理：用10%磷酸三钠浸种30分钟，清水冲洗催芽播种。

（2）根部施药法：黄瓜病毒病综合防控技术已经纳入黄瓜整体解决方案中，四灌三喷法见第七部分黄瓜整体方案。

（3）灌根：用强内吸剂25%噻虫嗪可分散粒剂2 000倍液、70%噻虫嗪悬浮剂3 000倍液灌淋或淋根进行一次性防治，持效期可长达25～30天，把蚜虫防控在初期总数量相对较低的时期。方法是在移栽前2～3天，用25%噻虫嗪可分散粒剂1 500～2 500倍液（或1喷雾器水加6～8克药），或70%噻虫嗪悬浮剂3000倍液喷淋幼苗。使药液除喷叶片以外还要渗透到土壤中，平均每667米^{2}用药50毫升。

（4）喷药：可选用25%噻虫嗪水分散粒剂1500倍液、10%吡虫啉可湿性粉剂1 000倍液、10%抗蚜丁可湿性粉剂1 000倍液或2.5%高效氯氟氰菊酯水剂1500倍液灭蚜。

病毒病早期可选用20%盐酸吗啉胍可湿性粉剂500倍液、20%病毒唑可湿性粉剂500倍液、1.5%植病灵乳油1 000倍液或30%吗啉胍可湿性粉剂400倍液等进行喷施，有一定的缓解抑制作用。

线 虫 病

【典型症状】 线虫病菜农俗称"根上长疙瘩"的病，其主要为害植株根部或须根，如图134。根部受害后产生大小不等的瘤状根结，如图135。剖开感病部位根结会有很多细小的乳白色线虫埋藏其中。地上植株会因发病生长衰弱，如图136，中午时分有不同程度的萎蔫现象，并逐渐枯黄。

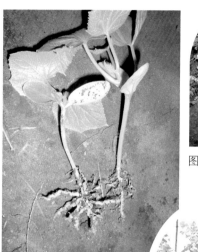

图135　重症根系产生大小不等的瘤状根结

图134　秧苗期线虫在根须上为害

图136　重度为害造成的地上植株生长衰弱

　　【发病原因】　线虫生存在5～30厘米的土层之中。以卵或幼虫随病残体遗留在土壤中越冬。借病土、病苗、灌溉水或跨区域秧苗运输、人为携带传播。可以在番茄、黄瓜、甜瓜、芹菜、胡萝卜、菠菜、生菜、大白菜等作物上寄生残存。可在土中存活1～3年。线虫在条件适宜时，由寄生在须根上的瘤状物，即虫瘿或越冬卵，孵化形成幼虫后在土壤中移动到根尖，由根冠上方侵入并定居在生长点内，其分泌物刺激导管细胞膨胀，形成巨型细胞或虫瘿，称根结。田间土壤的温、湿度是影响卵孵化和繁殖的重要条件。一般喜温蔬菜生长发育的环境也适合线虫的生存和为害。随着北方深冬季种植黄瓜面积扩

二、黄瓜病害典型与非典型、疑似症状的诊断与救治

大和种植时间的延长，越冬设施栽培黄瓜给线虫越冬创造了很好的生存条件。连茬、重茬的种植棚室，黄瓜发病尤其严重。越冬栽培黄瓜的产区线虫病发生普遍，已经严重影响了冬季黄瓜生产和经济效益。

【救治方法】

生态防治：

（1）无虫土育苗：选大田土或没有病虫的土壤与不带病残体的腐熟有机肥按6：4比例混匀，每立方米营养土加入100毫升1.8%阿维菌素水剂混匀，用于育苗。

（2）北方冬季停种一茬：冬季大水漫灌后深翻晾垡，切断线虫越冬存活场所，可有效减少越冬存活的虫源。来年春季再播种。

（3）与叶菜类的不同作物轮作：科学试验示范田间测定表明，黄瓜与香菜、油菜两种叶菜作物轮作春秋倒茬，防控效果明显。

（4）高温闷棚土壤杀菌杀线虫处理：见枯萎病防治中高温闷棚技术操作程序。

药剂防治：

（1）一般线虫为害在黄瓜生长中后期表现症状。但是考虑到药剂残留期和果实安全性，早期防控才能达到理想效果，因此药剂防治必须在定植前进行。定植前沟施10%噻唑磷颗粒剂每667米^{2}1.5～2千克，施药方法为定植前平整土壤后将药剂与细沙或肥料混匀，均匀撒施于土壤表面或沟中，旋耕后尽快定植并浇定植水。此药仅建议定植前施用，不提倡种植后灌根，以避免因药剂过剩造成药害和残留。

（2）生长中期施药可以选用41.7%氟吡菌酰胺悬浮剂每667米^{2}55～66毫升滴灌或灌根。人工灌根施药可以按10毫升药剂对水16升，松动喷头对准植株，每株停留3秒钟，这样大约每16升背负式喷雾器可以灌根350～370棵植株。此药也可以在定植前施药。

三、黄瓜生理性病害的诊断与救治

在蔬菜生产一线，菜农对生理性病害的认知非常模糊，由于施肥和设施栽培管理不科学，植株生理异常病害已经成为影响蔬菜生产的重要障碍。生理性病害发生所占病害发生比率正逐年提高，因误诊而错误用药产生的各种农药药害、肥害等现象普遍发生。又因多种农药混施造成的复合症状给诊断带来识别难度。我们以蔬菜生长的部位和症状相似性来分类诊断。

土壤盐渍化障碍

【症状】 频繁过量施用硫酸铵、尿素等高含量氮肥和冲施肥造成盐性土壤导致的生长障碍，整株枯死萎蔫，如图137，根系长期生存在重度盐渍化土壤环境里不发根，如图138，直至被盐化呈褐色沤根，丧失根系生存活力，导致萎蔫性枯死。植株出现生长缓慢，矮化，叶色深绿，如图139，叶缘浅褐色枯边，如图140，叶片边缘因温差大或恶劣天气突发常有裂叶现象，如图141。叶片肥大，叶色浓绿，叶缘呈灰白色枯边，花芽、生长点细胞分化缓慢，如图142。长出的幼瓜色泽深绿，口感苦涩，剖开截面瓜肉浅褐色，无商品价值，如图143。

图138 重度盐化土壤中生存的根呈褐色枯死状

图137 频繁过量施用氮素造成的生长障碍性枯死萎蔫

63

三、黄瓜生理性病害的诊断与救治

图139 叶片肥大、叶色浓绿、叶缘呈灰白色的黄瓜田间长势

图140 盐渍化障碍下的深绿、叶缘浅褐色枯边叶片

图141 盐渍化深绿叶片极易裂叶

图142 盐渍化障碍下花芽、生长点细胞分化缓慢

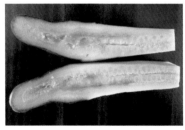

图143 重度盐化口感苦涩瓜心褐色的黄瓜

【发病原因】 在重茬、连茬，有机肥严重不足，盲目追求高产的大量施用化肥的种植地块，经常发生黄瓜营养不良的现象。不根据实际地力和土壤生存环境需要，盲目追求产量，

缩短间隔期，长期施用化肥，会使土壤中的硝酸盐逐年积累。由于肥料中的盐分不会或很少向下淋失，造成土壤中的盐分借毛细管水上升到表土层积聚，盐分的积聚使土壤根压过小，造成各种养分吸收输导困难，植株生长缓慢。植株周围根压过小，反而向植株索要水分造成局部水分倒流，同时保护地棚室中的温度高，水分蒸发量大，叶片因根压不足，而吸水和吸收养分能力下降，进而供应地上部的养分和水分不足，叶片首先表现叶缘脱水后枯干，逐渐引发整株盐渍化枯萎。

【救治方法】 解决土壤盐渍化的根本问题是改良土壤。改善土壤的板结现状，改善土壤的透气性。增施有机肥，增加土壤活性物质，秸秆还田，高温闷棚。测土施肥，尽量不用容易增加土壤盐类浓度的化肥，如硫酸铵。

重症地块灌水洗盐，泡田淋失盐分。及时补充流失的钙、镁等微量元素。深翻土壤，在每年夏季换茬高温闷棚时节，最大化的增施腐熟秸秆松软性物质，加强土壤通透性和吸肥性能。解救盐渍化棚室可以每冲施1～2次速效水溶肥后增加使用一次海藻有机生物肥，或芽孢杆菌生命液，或生物钾肥。蓝藻菌可以帮助剩余在土壤中氮素的有效吸收传导，绿藻菌有利于植株健壮和瓜果的优质性转化，取得良好效果，如图144、图145。

图144 重度土壤盐渍化的黄瓜田间救治前

图145 生物菌肥救治后的丰收景象

低温障碍

（1）黄瓜对温度的要求比较严格，土壤温度是黄瓜越冬栽培和早春种植的重要因素。如何提高地温是黄瓜越冬生产的技术关键。黄瓜喜温，其适宜生长温度为18～30℃，最适宜温度24℃，黄瓜正常生育最低温度为12℃，低于10℃时叶片外翻下垂，如图146，秋季大温差变化到10℃以下会出现掌状花叶，如图147。

图146 寒冷环境下黄瓜叶片外翻 图147 在10℃的生存环境里出现
下垂 掌状花叶

（2）春季持续10℃阴霾和高湿环境下高含水量的叶片会出现疱状寒害症状，如图148。昼夜气温持续徘徊在8～18℃时，土壤湿度过大，棚室密闭，光照不足，叶片蒸腾受到抑制，根系吸收上来的水分大量滞留在细胞间隙或之中，持续时间长则疱斑连片，叶片就会失绿，逐渐变成灰褐色的枯死斑。

（3）黄瓜的最低生存温度是5℃，越冬棚室温度持续在3～6℃，或常有零下寒冷状态，植株频频处于冷害、寒害、冻害的状态。植株叶片僵硬，出现疱斑、冻死白化枯斑。冬季温度持续在5℃时，植株叶片会出现褪绿斑驳，氮素过剩环境下植株茎蔓僵硬，叶片皱缩，如图149。持续存活在5℃环境里，植株会因冻害和冷害交加存活艰难，如图150。黄瓜叶片细胞结冰温度是4℃，突然霜降和霜冻叶片细胞中的水分会结冰，融化后死亡细胞造成叶片出现黄斑点，如图151，直至死亡性白化斑枯，如图152。低温冻害的出现加速了植株的冻死速度，黄瓜基本失去种植价值，如图153。

图148 高湿环境下的寒害表现——叶片疱疹

图149 氮素过剩与冷害环境使植株茎蔓僵硬皱缩

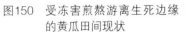

图150 受冻害煎熬游离生死边缘的黄瓜田间现状

图151 叶片受冻结冰点融化后沿叶脉周围的黄斑

【发病原因】 保温不足，设施保暖不够。黄瓜是喜温作物，它耐受寒冷环境的程度是有限的。当冬、春季或秋、冬季节栽培或育苗时，在遭遇寒冷，或长时间低温或霜冻时黄瓜植株本身会产生因低温障碍的受害症状。黄瓜的生长适温为昼

图153　持续冻害环境里失去经济
　　　价值的田间植株

图152　冻害致死的叶片呈现白化
　　　枯斑

温22～29℃，夜温18～22℃。低于15℃停止生长发育。低于12℃会引起生理性紊乱，茎叶停止生长。低于6℃植株就会受寒害，低于4℃时会引起冻害，生存在寒冷的环境里，叶肉细胞会因冷害结冰受冻死亡，突然遭受零下温度会迅速冻死。

【救治方法】　选择耐寒、抗低温、耐弱光的冬性品种：如金胚98-F$_1$、金胚99系列、津绿系列以及津优1号等。

　　如果是越冬栽培的黄瓜，棚膜厚度必须在1.0毫米，以有韧性的大棚膜做坚实基础。根据生育期确定地温保苗措施，避开寒冷天气移栽定植。育苗期注意保温，加盖棉毡，厚度在3～4千克/米^2。如是草毡，最好附加双层棚裙稻草围栏。深冬时节棚中可增加二膜或双棚膜保温，地膜覆盖，保温，抗寒。以加快缓苗速度，抵抗寒冷造成的冷害。

　　突遇霜寒，应进行临时加温措施，可以架设二膜、三膜或烧煤炉等。定植后提倡全地膜覆盖，可以采取多膜覆盖，可有效地降低棚室湿度，进行膜下渗浇，小水勤浇，切忌大水漫灌，有利于保温排湿。定植水如果有条件建议晒水，增加水温。定植时缓苗快，抵抗病害能力强。

有条件的可安装滴灌、微喷设施，既可保温降湿，还可有效利用滴灌设施进行水肥药一体化地统一管理，降低发病机会及用人成本，减少施药次数。做到合理均衡的施肥浇水，这是蔬菜产业发展的必然趋势。

药剂防御：生物激活剂55%益施帮25毫升对15升水喷施或冲施，3.4%赤·吲乙·芸（碧护）可湿性粉剂4 000～5 000倍液 [3克药（1袋）加15升水（1桶水）]，或每桶水加红糖50克，再加0.3%磷酸二氢钾喷施或淋灌。

高温障碍

【症状】

（1）热害：黄瓜喜温，其适宜生长温度为18～30℃，最适宜温度24℃，黄瓜正常生育所能忍受的最高温度为30℃，温度过高，尤其是夜温过高，会造成产量降低，品质变劣，且植株寿命也会缩短。棚室气温持续在40℃以上时，叶片叶缘向下卷曲，叶边失水、萎蔫、干枯，如图154。夏季或初秋种植黄瓜，持续高温接近40℃时，植株叶片叶脉间叶肉褪绿，形成黄色斑驳，部分或整个叶片褪绿黄化，如图155。瓜呈大头或大肚瓜，如图156，商品性极差。在高温强光条件下施药、高温下喷施叶面肥或棚膜水滴对叶片的伤害（日烧）如图157。生产中突然撤掉棚膜，黄瓜植株突然由弱光照改变为强光照和高温环境，叶片会因强光高温呈黄化皱缩脆叶状，如图158。幼嫩新叶会被骤然高温水滴烫伤呈白化沙点，如图159。

（2）烫伤：叶片卷曲

图154　持续高温下叶缘向下卷曲，极度蒸腾的叶片

图155　高温热害造成的植株叶片褪绿黄化

图156　高温障碍下的大肚畸形瓜

图158　高温下新生叶片呈黄化脆叶状

图157　高温下棚膜滴水对叶片造成白化日灼

图159　幼嫩新叶被骤然高温水滴烫伤呈白化沙点

失水黄化症。有时接近中午进行农事操作如喷施叶面肥或农药等，棚温达到40℃时植株会出现高温灼伤叶片现象，如图160。棚室高温条件下的水滴也会对叶片造成局部灼伤，如图161。

图160　夏季中午喷施叶面肥或农
　　　　药对叶片造成黄化灼伤

图161　高温环境下施叶面肥造成
　　　　的片状烫伤

【发病原因】　黄瓜在38℃高温，夜间高于25℃时生长受到抑制，代谢异常，叶片蒸腾过度，导致细胞脱水，呼吸消耗大于光合积累，就要消耗储存在植株内的营养物质，植株处于饥饿状态，呈现生长紊乱现象，势必坐果率低，容易化瓜、出现大头瓜。越夏棚室在超过40～45℃时叶片会发生灼伤，叶缘干枯，植株出现黄化、萎蔫、卷叶、裂瓜现象。如果还在接近中午时分喷施叶面肥或药剂，药液在极度高温环境下渗透过快和水温太高导致叶片烧灼性烫伤。干旱、炎夏暴雨放晴环境下受害症状更严重。

【救治方法】

选用抗热、耐强光品种：如中研耐高温露地系列、津优408等。

降温通风：露地栽培注意晴天暴雨后的涝浇园处理，避免雨后突然放晴的高温烤秧，灼叶。设施栽培注意风口加大透气，遮阴降温。使用遮阳网是最好的防范措施。棚室喷水降温效果不错，但注意防止病害发生。

缺　钾　症

【症状】　钾元素在植株体内利用率很高，缺钾时老叶先出现症状，叶片暗绿，叶尖、叶缘变浅黄白色边，如图162，而后变成浅褐色直至枯干坏死，如图163，叶片发暗，没有光泽。

图162 缺钾黄瓜从下部叶片开始　　图163 重度缺钾植株枯干坏死
　　　　叶缘变浅黄白色边

【发病原因】 钾肥易在土壤中流失，人们对钾肥不如氮肥那样重视。在黏土和粗糙的沙质土壤环境里，钾容易被固定，因而常发生缺钾症。施肥不当，有机肥不腐熟也会抑制钾的吸收造成缺钾、缺钙、缺镁现象。在蔬菜栽培中需要钾肥的量大。黄瓜的钾肥总量与氮肥相当，但是易受多种因素影响，如土壤质地、有机微生物的活力吸收和转移。农家肥不腐熟也会抑制钾肥的吸收，因此生产中追肥或冲施肥时钾肥的施入量应该高于氮素，同时考虑钾肥流失因素，建议增加生物钾肥的施入，海藻肥的冲施有利于钾肥的吸收和黄瓜直立生长，黄瓜瓜皮光亮，卖相好。

【救治方法】 增施有机肥如生物钾肥，海藻生命液的冲施能改善土壤有机生物的活性和地力，多施硝态氮利于钾的吸收。注意中耕松土，排水。叶片可喷施高含量的腐殖酸钾肥1 000倍液或55%益施帮600倍液，示范效果非常好。

缺 锌 症

【症状】 锌元素多在生长点，幼苗幼芽、根尖等部位，促进叶绿素合成，缺锌时老叶中的锌向幼叶转移造成老叶叶尖叶缘橘黄色枯边，如图164，近生长点部的节间缩短，重度缺锌老叶略外翻，叶肉褪绿黄化，有坏死白斑，叶脉正常，如图165。雌瓜少，弯瓜多。

图164 缺锌叶片叶缘橘黄色枯边　　图165 重度缺锌节间缩短，老叶褪绿黄化，有坏死白斑

【发病原因】 土壤呈碱性时锌变为不可吸收状态，磷肥过多造成磷酸与锌结合固定形成不易吸收的化合物造成缺锌。土壤盐渍化状态下，锌被固定，极易造成缺锌状态。

【救治方法】 增施有机肥，特别是应该施入中量元素做底肥。如生产中常用的含镁、锌元素的中量元素肥每667米^2 1～2千克，或含有锌肥的有机肥。不要过量施用磷肥，也可直接将硫酸锌每667米^2 1千克作为底肥施入土壤中，也可阶段性的叶面补充锌元素或用0.3%硫酸锌叶面喷施。

缺 硼 症

【症状】 硼参与碳水化合物在植株体内的分配，缺硼时生长点坏死，花器发育不完全。缺硼时，幼叶、茎蔓、果实因停止生长、停止输导养分，而使叶缘呈现黄化边，叶缘黄化，向纵深枯黄呈叶缘宽带黄化症，如图166，是缺硼的典型症状。果皮组织龟裂、硬化，重度缺硼的幼瓜停止生长时出现骤裂，果实外皮酯化，出现我们常说的网状木栓化瓜，如图167。

图166 缺硼叶片叶缘宽带黄化　　图167 果实外皮酯化出现的网状
　　　　　　　　　　　　　　　　　　　　木栓化

【发病原因】 大田作物改种植蔬菜后容易缺硼。多年种植蔬菜连茬、重茬，有机肥不足的碱性土壤和沙性土壤，施用过多的石灰降低了硼的有效吸收以及干旱、浇水不当，施用钾肥过多都会造成硼缺乏。

【救治方法】 改良土壤，多施厩肥，增加土壤的保水能力，合理灌溉。及时补充硼肥，建议底肥增施硼肥，如一次性施入持力硼3～5千克，以促进黄瓜早期雌花分化。叶面喷施新禾硼或卡丁硼、瑞培硼等。

氮（中毒）过剩症

【症状】 植株表现为组织脆裂，叶片肥大，贪青徒长，如图168。叶色浓绿发白，叶缘有褪绿黄边，如图169，叶脉畸形扭曲，叶片不平易拧转，不平展，如图170，顶端叶片卷曲，花芽分化紊乱，易化瓜和幼瓜生长畸形，易干尖，如图171。营养育苗土加入过量的氮素会造成秧苗烧叶，叶缘褐色枯边，呈勺状，叶色深绿、颜色不均，如图172。

图168 氮过剩贪青徒长叶色浓绿
　　　　的叶片

图169　氮过剩叶色浓绿发白叶缘　　图170　氮过剩叶脉畸形叶片易拧
　　　　黄边的叶片　　　　　　　　　　　转不平展

图172　育苗氮素过量造成秧苗烧
　　　　叶，叶缘褐色枯边

图171　氮过剩易化瓜和幼瓜干尖

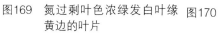

【发病原因】　过量的施入氮肥，使氮肥转化成了氨基酸进而转化成生长素，刺激了植株幼叶的快速生长。当连茬种植蔬菜时，唯恐施肥不足而大量施入氮肥是造成氮过剩（中毒）的主要原因。育苗营养土加入过量的氮素会造成秧苗烧叶叶缘枯边。

【救治方法】　测土施肥，多施有机肥、生物菌肥。严格掌握化肥的施入量。秸秆还田，改善土壤的通透气。对于重度氮肥过量造成烧灼的地块，建议施入4～6千克腐菌酵素，增

三、黄瓜生理性病害的诊断与救治

无公害蔬菜病虫害防治实战丛书

加土壤生物活性和腐熟转化速度，加强土壤的通透性，同时施入速效的生物钾肥，连续两次，尽快缓解因氮肥过剩造成的中毒伤害，以及避免硝态氮的产生及中毒现象。增加灌水，生产中有挖沟洗土措施，也可降低根系周围因氮过量引起的中毒现象。

施用海藻生命液菌素，加快土壤中过量氮素的转化和吸收。改良土壤中因氮肥过剩造成的盐化生长环境。一般使用藻菌生命液（地福来）每667米^{2}250毫升。

缺 镁 症

【症状】 缺镁的典型症状是初期老叶片叶脉之间叶肉褪绿黄化，形成斑驳花叶，叶片发硬，叶缘稍向上卷翘但不褪绿，如图173，重症时会向上部叶片发展，逐渐黄化，直至白化枯干死亡，如图174。

图173 初期缺镁叶肉褪绿黄化形 图174 重症缺镁叶片僵硬，逐渐
成斑驳花叶 褪绿，白化枯干死亡

【疑似症状】 大面积的叶片叶肉黄化褪绿，叶片皱缩呈外翻勺状，如图175，植株上、下部叶片均表现僵硬，条状白化枯斑，如图176。生产中越冬或秋延后、冬早春种植模式的设施黄瓜这种现象发生普遍，这是由于持续低温，甚至低于生存极限后，冻死黄瓜叶片所表现的冻害。加强保温、增温措施才是根本，补镁无济于事。

图175　疑似缺镁症的冻害叶片

图176　疑似缺镁症的重度冻伤的
叶肉枯死白化叶片

【发病原因】　由于施氮肥过量，土壤呈酸性，影响镁的吸收，或钙中毒造成碱性土壤，也影响镁的吸收，从而影响叶绿素的形成，使叶肉黄化。持续低温时，氮、磷肥过量，有机肥的不足也是造成土壤缺镁的重要原因。

【救治方法】　增施有机肥，合理配施氮、磷肥，配方施肥非常重要，及时调试土壤酸碱度，改良土壤，避免低温，多施含镁、钾肥的厩肥。建议施底肥时一次性加入硼、镁肥如"昆卡中量肥"每667米^{2}3～5千克，打好基础，优化生长环境，保障旺盛生长。叶片可喷施1%～2%的硫酸镁或螯合镁等叶面微肥，及时补充镁肥。

缺　铁　症

【症状】　植株缺铁的主要症状是顶端叶片及生长点黄化，因铁影响叶绿素的合成。因其流动性差，主要表现在植株上部叶片，如图177。

【发病原因】　碱性土壤和盐渍化土壤易发生缺铁症，过量施入磷肥造成磷中毒，会使土壤中的铁与磷合成不能吸收的

无公害蔬菜病虫害防治实战丛书

图177　缺铁造成的生长顶端黄化叶片

沉淀物（磷酸铁）。低温、土壤干旱和潮湿均会影响铁的吸收。磷过剩会影响铁的吸收，应该首先解决磷肥过剩的问题。

【救治方法】　增施有机肥，碱性土壤多施酸性肥料。缺铁地块加施螯合铁肥每667米^{2}1～2千克。合理施肥水，避免大水漫灌。实践中采用高浓度的90％氨基酸复合微量元素（生物激活剂）每667米^{2}300毫升淋灌或500倍液喷施，缓解效果理想。叶片喷施0.1％～0.2％硫酸亚铁水溶液或螯合铁微肥等均可。

磷过剩症

【症状】　黄瓜叶片大小正常但呈褪绿黄化早衰现象，重症叶片有褐色枯斑出现，如图178，观察叶斑没有霉层，集中表现为缺锌、镁、铁综合因素的失绿症。

【发病原因】　生产中菜农施磷肥有一个误区，认为磷肥与氮肥一样越多越好，

图178　重症缺磷叶片有褐色枯斑出现

常常施入量是正常需求量的几倍或十几倍。其实蔬菜对磷的利用率较氮、钾肥低得多，只能吸收10％～20％，同时在土壤中磷元素不易随水移动和散失，过量施用磷肥，就会在土壤中

逐渐积累，形成难溶性磷酸盐与锌、镁、铁元素结合形成根系不易吸收的难溶性物质，造成失绿缺素症状，极度多量地施入磷肥就会出现生殖器官过早发育、早衰枯斑现象。

【救治方法】 配方施肥，多施有机肥，及时补充因磷过量造成的锌、镁、铁元素不足的失衡环境。对磷过量的地块，下茬可不施或少施磷肥。

锰过剩症

【症状】 叶脉和沿叶脉部位褪绿，如图179，变褐色坏死，是锰中毒的典型症状，如图180。一旦锰中毒叶色呈黄化状。

图179　锰中毒叶脉和沿叶脉褪绿　图180　锰中毒引发叶脉褐色坏死
　　　　的叶片

【发病原因】 土壤酸性是锰中毒的重要原因。水淹和长期地涝多湿会使土壤中锰元素处于活性状态，有效锰增加，易发生锰吸收过剩症。控制土壤湿度，调节土壤酸性是救治的根本。

【救治方法】 对锰中毒的土壤增施石灰质肥料，改良土壤使pH至7～7.5，增施有机肥，高畦栽培，合理浇水，注意排水。施用磷肥可以有效缓解锰中毒症状。

缺 铜 症

【症状】 黄瓜植株幼叶和生长点叶缘、叶尖部位发白，叶缘干枯，如图181，随着幼叶、幼芽的生长受白化干枯叶缘的限制，幼叶和生长部位的植株长势呈簇状或弯曲，勺状，如图182。

图181 缺铜叶尖部位发白、叶缘干枯　　图182 幼叶和生长部位的植株长势呈簇状和勺状

【发病原因】 土壤肥沃的地块，有机质高的土壤或新开垦的黏性泥土，铜元素易被有机质吸附螯合，大部分铜被土壤固定。沙性土壤铜易流失淋溶，使植株生长呈现缺铜症状。

【救治方法】 在防治病害时，可利用预防病害时机补充含铜元素的农药。如波尔多液、氢氧化铜、春雷·王铜等，或叶面喷施含有铜元素的氨基酸复合叶面肥。

涝 害

【症状】 土壤阶段性积水，淹没或部分淹没生长植株所造成的危害是不可忽视的。蔬菜生产中自然水淹的现象不是很多，但人为的大水漫灌后的遇雨积水，造成土壤过湿，则发生湿害，如图183。它虽然对植株不构成死亡威胁，但是它直接影响蔬菜的发育，减产是不可避免的。涝害植株根系因水淹缺氧呼吸困难，叶片脆裂、黄化、生长发育受阻，植株衰弱，根

图183　大雨积水造成的近地面黄　图184　涝害后脆叶、黄化植株衰
　　　　化叶片　　　　　　　　　　　　　弱症状

系弱小，根尖变黑，有烂根现象。地上植株叶片萎蔫，枯黄，如图184。

【发病原因】　突降暴雨、水淹、水涝对蔬菜根的危害最大，使根的活力下降，因缺氧呼吸困难，使光合作用下降，二氧化碳扩散受到影响，二氧化碳的积聚促进无氧呼吸，削弱了植株本身的解毒能力，易发生毒害。水涝还会造成多种元素的缺失，如锰、铁、锌的流失。

【救治方法】　高垄栽培，及时排水。设施蔬菜基地应合理灌溉，迅速补充生物微肥，增加根系的活力，使植株恢复生长。有条件的应该铺设滴灌设备。滴灌、喷灌、软管微灌、膜下渗灌均是简便易行的防湿害的好方法。涝害之后，注意及时排湿，迅速追施速效性强的水溶性冲施肥。让植株尽快恢复生长和增强抗逆能力。待恢复生长结瓜时增加生物钾肥的施用量，保证优品性结瓜。并及时喷施一次25%嘧菌酯悬浮剂1 500倍液，或每667米^{2}冲施100～200毫升25%嘧菌酯悬浮剂，防控病害发生流行。观察病害发生与预防情况，做到及时发现及时治疗。

四、黄瓜药害的诊断与救治

激素、调节剂蘸花药害

【症状】 黄瓜盛瓜期滥用坐瓜灵，使瓜型粗细基本正常只是伸长受到限制，如图185。植株尚能生长但畸形，如图186。受过量矮壮素影响瓜苗叶片肥大，茎蔓粗壮，生长点受抑制，不伸长，如图187。生长发育期滥用生长调节激素和多种农药混用造成的生理紊乱现象，如图188和图189。

图185 结瓜期滥用坐瓜灵造成的幼瓜畸形

图186 结瓜期使用坐瓜灵抑制植株生长

图187 矮壮素过量使用对植株造成的生长性抑制

图189　多种农药混用造成的黄瓜
　　　　生理性紊乱

图188　喷施过量微量元素致使黄瓜
　　　　畸形生长

　【原因】　生产中黄瓜施用坐瓜灵、矮壮素是常用的促进
雌花分化和防止徒长的必要程序。我们常用的有比久、缩节
胺、赤霉素等激素，使用时常常只注重使用浓度和盲目大剂量
用药，忽略了适用生长阶段和过量后对植株抑制的后果。生产
中一些菜农认为坐瓜灵任何生长时期都可以使用，只要黄瓜秧
雌花见少，就可喷施坐瓜灵增加雌花数量。其实不然，黄瓜的
生长分发芽、幼苗、甩条发棵、开花结果四个时期。花器分化
在幼苗期，在育苗阶段使用坐瓜灵可以有效地促进花器分化。
过了分化期再用坐瓜灵，其促进分化作用的效果低微而抑制生
长的作用则明显起来，使结瓜期的幼瓜生长受到抑制呈畸形
瓜。过量或不严格使用矮壮素或促壮素等激素可能在育苗阶段
控制了徒长，但由于剂量过大更多地限制了秧苗的正常生长，
使其老化生长缓慢。对症用药、单一用药，针对植株发生的病
害和生长情况使用调节剂和杀菌剂是生产优质蔬菜的要求，但
是有些菜农打药时图省事，将多种药剂混配，不顾秧苗是否需
要，常常造成植株生长紊乱的中毒现象。

　【救治方法】　采用标准化穴盘育苗，标准化管理，营养

钵育苗。加强水肥管理，标准化施肥浇水，力求生长势一致。科学用药，保健性防控理念为主。掌握好激素用药时机，精细管理。

施药药害

【症状】

（1）大剂量农药和劣质喷雾器跑、冒、滴、漏，大药滴造成植株叶片叶缘灼伤药害，大剂量农药淋灌式施药造成幼苗叶缘白化现象，如图190，植株生长异常，如图191。

（2）多种类、大剂量、高浓度药剂混用造成植株生长失常和畸形，如图192，高浓度的生长调节剂以及混合施药后的潜在斑驳褪绿花叶药害如图193。

（3）乳油类剂型的加大量使用和混入乳油类杀虫剂对叶片渗透过快造成的黄化如图194，以及重度烧灼白斑如图195。

（4）施用有机硅增效剂造成的渗透压过大致使叶片叶肉细胞呼吸衰竭致死的坏死斑如图196。

（5）施用不安全药剂如嘧霉胺、嘧菌环胺类杀菌剂对黄瓜造成的褪绿黄化如图197，及蘸花后对幼瓜造成的褪绿畸形如图198。

（6）喷雾器除草剂残液药桶未清洗再用来喷杀菌剂，如喷施莠去津造成黄瓜植株及叶片畸形，如图199。

图190　浓度过大的淋灌施药方式造成的烧苗　图191　大剂量混施药剂对植株造成的生长抑制

图192 唑类药剂施用造成的茎蔓
　　　畸形

图195 乳油类药剂重度剂量对黄
　　　瓜叶片造成的烧灼性白斑

图193 生长调节剂与乳油杀虫剂
　　　混施造成的斑驳褪绿花叶

图194 乳油类剂型的加大量使用对
　　　叶片渗透过快造成的黄化

图196 有机硅增效剂渗透压过大
　　　造成的烧灼性叶肉坏死斑

图197 嘧霉胺类药剂喷施致使黄
　　　瓜褪绿黄化

四、黄瓜药害的诊断与救治

图198　嘧霉胺类药剂蘸瓜对幼瓜
　　　　造成的褪绿畸形

图199　含有除草剂莠去津残液药
　　　　桶再喷药造成的植株畸形

　　【原因】　黄瓜在蔬菜作物中对农药是比较敏感的，要求
使用剂量也较严格。同时植株生长快，叶片细胞含水量大。尤
其是苗期幼嫩秧苗生长时期，用药浓度和药液量更应该严格掌
握。除了对幼苗期施药的减量应对措施，还要考虑冬早春防控
昼短夜长，生长见光时间较短的季节特点减量施药。老旧型号
喷雾器的跑冒滴漏现象对植株的下雨式喷施、菜农为省事一次
性混入4～5种药剂的大剂量混喷，都是造成药害的直接原因。
不同农药在不同蔬菜作物上的使用剂量是经过严格试验示范后
才推广应用的，施用时应尽量遵守农药包装袋上推荐使用的安
全剂量。随意加入增效剂有机硅等缩短施药间隔期的做法，无
形中加速了叶片细胞的渗透光合功能转化，加速细胞呼吸速
度，无疑引发细胞呼吸过快，叶片呈白斑症，直至衰竭死亡。
乳油的过量施用也会因其乳化吸收过快引起细胞的呼吸加强，
光合作用下降引起黄化褪绿现象发生。喷雾器洗涮干净与否和
除草剂单一药桶的基本知识的疏忽，同样会发生药害。因此施
药本身也是一门科学，同样的药剂，不同的施药方法，会有不
同的防控结果。喷药过程中的工作态度和技术掌握程度决定着
黄瓜的效益和收成。

【救治方法】 受害秧苗如果没有伤害到生长点，可以加强肥水管理促进快速生长。小范围的秧苗可尝试喷施或淋灌55%氨基酸生物源激活剂（益施帮）600倍液，或3.4%赤·吲乙·芸（碧护）可湿性粉剂5 000倍液喷施进行缓解调节。也可喷施或淋灌益微芽孢杆菌500倍液或冲施纯生物钾肥促进根系生长活力，加快缓解药害症状。切忌使用赤霉素、细胞分裂素等刺激素刺激生长。生产中应尽量将除草剂与其他农药分别使用不同的喷雾器进行操作，避免交叉药害的发生，实在分不开器械的，应该注意在充分用洗衣剂洗刷冲洗的基础上，将喷雾皮管泡洗后先喷10～20分钟清水后再喷药。

飘移药害

【症状】黄瓜生产中常常遭遇外在的飘移性药害。春夏季茄果类蘸花时，喷花的药液雾滴无意中飘落在棚室黄瓜的嫩茎、嫩叶或枝蔓上，就会产生疑似病毒病的蕨叶、幼嫩叶片纵向扭曲畸形、脆叶。蘸花激素对黄瓜秧苗的药害如图200。春季小麦喷施

图200　喷施保花激素飘移造成的蕨叶扭曲

除草剂2，4-滴丁酯随风或气流飘移，黄瓜棚室风口处秧苗首先遭到药害气体熏蒸，植株生长受到抑制，茎秆变粗，叶片因叶肉细胞受害停止生长，而叶脉生长正常，呈具有骨感爪状畸形叶片，如图201，产生的蕨叶或线状叶片生产中经常被菜农误诊为病毒病（农民常称为"小叶病"）。玉米播种季节施用含有莠去津成分的封闭除草剂，在河北正是高温雨季，使用时很容易产生飘移气流对周围蔬菜瓜果作物造成药害，如图202。轻者有轻微卷叶和僵硬脆叶，重者会抑制整株生长，使茎、叶畸形，如图203，毁种现象也有发生。

图201　麦田除草剂2，4-滴飘移
　　　　造成的黄瓜骨感爪状畸形
　　　　叶片

图203　玉米施莠去津飘移严重影
　　　　响黄瓜整株生长

图202　玉米施莠去津气流飘移造
　　　　成的黄瓜小叶病

　　【救治方法】　预防上没有什么好的药剂。春季小麦除草施药季节，及时关闭大棚风口，严防除草剂气流进入棚内。生产中常使用的赤霉素、碧护、益施帮虽然能缓解症状，但是治标不治本，不能解决根本问题。同时加强中耕施肥促进植株生长，各项措施同时进行，效果会理想一些。生物缓解救治方法请参照施药药害救治方法。

五、黄瓜肥害的诊断与救治

【症状】黄瓜盛果期一般都是气温较高的季节，追加化肥尿素或碳酸铵，如果不注意棚室温度，就会造成氨气中毒，叶脉间或叶缘出现斑纹，如图204，随后叶脉扭曲性黄化，严重时斑纹褪色枯干呈烧叶症状，如图205。因底肥过剩造成的叶片边缘黄化枯干如图206，一次性过量冲施肥，因浓度过高蒸腾造成的叶片烧灼性枯斑疑似细菌性斑点病，如图207。在寒冷环境下，植株生长缓慢而过量施肥会使瓜打顶后的植株僵硬，叶片肥大浓绿硬脆，如图208。肥料不腐熟，会使秧苗根系呈褐色，不长新根，如图209，过度施肥造成重度盐渍化使根吸肥受阻而影响叶片和整个植株生长发育，如图210，黄瓜上常发生的肥害经常多于病害，施肥后的生理性肥害发生非常普遍。

图204 氨气熏蒸对叶片的褪绿烧灼白化肥害

图205 高浓度冲施肥吸收致使叶脉扭曲，叶片皱缩性黄化

图206 底肥过剩造成的叶片边缘黄化枯干

图207 冲施肥浓度过高造成叶片烧灼枯斑

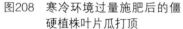

图208 寒冷环境过量施肥后的僵硬植株叶片瓜打顶

图209 不腐熟肥料造成的幼苗黄化

图210 过度施氮肥重度盐渍化影响的植株

【原因】 在生产中人们对施肥、冲施肥和喷施叶面肥的认知通常停留在作物正常生长环境下的施肥技术，设施蔬菜容易发生肥害的因素一般有四种：一是高温环境下地下农家肥不腐熟，施入田间后的二次发酵造成烧根、氨气蒸发熏蒸，或冲施肥后的积水蒸腾都会引发肥害。二是低温寒冷环境下，植株已经缓慢生长，仍然按照快速生长的用量施肥，会造成植株僵苗后的叶片脆硬肥害。三是冲施肥过量、肥水浓度不适宜的直接或间接肥害。四是喷施叶面肥不当造成的渗透、灼伤引发叶片僵化、变脆、扭曲畸形，茎秆变粗，抑制植株生长，造成微肥中毒。因此在冬早春栽培模式下，昼短夜长和寒冷环境下，植株生长缓慢，仍然不断施肥浇水，而不顾生长环境是高温还是低温寒冷，还有的农家肥直接入田不腐熟，这些都是造成肥害的直接原因。

【救治方法】 合理施肥，配方施肥。喷施叶面肥应准确掌握剂量，夏季或高温季节追施化肥时，应尽量沟施、覆土。施肥应避开中午时间，傍晚进行并及时浇水通风。有条件的棚室提倡滴灌施肥浇水技术，可有效避免高温烧叶及肥水不均状况。针对不同生长期出现的肥害，根据近几年科技菜农的实践救治经验列出如下解决方案，供大家参考。

种植后的肥害补救方案：

设施蔬菜地里已经施入臭味农家肥后的肥害熏棚补救：

（1）设施蔬菜定植前在农家肥中掺入腐菌酵素基施闷棚：按照每 2 ~ 3 米³ 农家肥加入 2 ~ 4 千克腐菌酵素混合均匀撒入田中，旋耕后 3 天即可腐熟、无害化处理。

（2）苗期农家肥烧苗肥害：在苗期第一次浇灌中随水冲施，用 30 亿活芽孢/克枯草芽孢杆菌可湿性粉剂做土壤生物活化剂，每 667 米² 200 ~ 300 克，也可采用 30 亿活芽孢/克枯草芽孢杆菌可湿性粉剂 300 倍液灌根，每 667 米² 1 000 克，或利用腐菌酵素灌根，每 2 ~ 4 千克腐菌酵素对水 50 升，灌 2 000 棵秧苗。观察 10 天后，视缓解程度再使用一次腐菌酵素。及时补充土壤中的优质微生物，减少重茬死苗现象。

（3）肥害烧苗的补救方案：底施生粪造成烧苗，可用腐菌酵素缓解肥害，每 667 米² 用 6 千克腐菌酵素随水冲施；或利用腐菌酵素灌根缓解肥害，每 2 千克腐菌酵素对 50 升水，灌 1 000 棵苗。

六、黄瓜虫害与防治

蚜　虫

【为害状】 以成虫或若虫群聚在叶片背面，如图211，或在生长点或花器上刺吸汁液，为害黄瓜叶片、幼瓜，如图212。造成植株生长缓慢、矮小，叶片卷曲簇状，如图213。

图211　蚜虫在叶背面刺吸汁液

图212　蚜虫为害幼瓜

图213　蚜虫为害生长点部位使叶片卷曲

【为害习性】 蚜虫一年可以繁衍10代以上。以卵在越冬寄主上或以若蚜在温室蔬菜上越冬，周年为害。6℃以上时蚜虫就可以活动为害。繁殖适宜温度是16～20℃，春、秋季节

10天左右完成1个世代，夏季4～5天完成1代。每头雌蚜产若蚜60头以上，繁殖速度非常快。温度高于25℃的高湿环境不利于蚜虫为害，这就是为什么在高温高湿环境下，蚜虫为害反而减轻的缘故。因此看出北方蚜虫为害期多在6月中下旬和7月初。蚜虫对银灰色有驱避性，有强烈的趋黄性。

【防治方法】

生物防治：设施棚室可以释放天敌瓢虫防治蚜虫。

设置防虫网：为阻止蚜虫飞入为害，设置40目（孔径约0.44毫米）防虫网的大棚，吊挂黄板诱杀害虫。每667米² 吊挂30块（25厘米×30厘米），黄板置于棚室里风口1米内，诱杀残存在棚室内的蚜虫。

药剂防治：

（1）根施灌药：建议利用滴灌设备，在先期滴灌浇水后，再用配好的药剂滴灌入药。菜农俗称"懒汉施药法"，即穴灌施药（灌窝、灌根）。定植前后每667米²采用70%噻虫嗪悬浮剂20～30毫升对水45升，随定植水一起淋灌秧苗，或定植苗盘用70%噻虫嗪悬浮剂20毫升对水30升，在移栽前2～3天，对幼苗进行喷淋，使药液除叶片以外还要渗透到土壤中。持续有效期可达30～40天，有很好的防治粉虱类和蚜虫的效果。用此方法可以有效预防粉虱和蚜虫传播病毒的作用。

（2）喷雾施药：可选用24.7%高效氯氟氰菊酯·噻虫嗪微囊悬浮-悬浮剂1 500倍液、25%噻虫嗪水分散粒剂2 000倍液喷施或淋灌（15天1次），或70%噻虫嗪悬浮剂2 000倍液、50%氟啶虫胺腈可分散粒剂1 200倍液、10%吡虫啉可湿性粉剂1 500倍液或2.5%高效氯氟氰菊酯水剂1 500倍液喷雾防治，注意安全间隔期。

白 粉 虱

【为害状】 以成虫或若虫群集嫩叶背面刺吸汁液，使叶片

褪绿变黄，如图214。由于刺吸汁液造成汁液外溢又诱发落在叶面上的杂菌形成霉斑，严重时霉层覆盖整个叶面。霉污即是

图215　被烟粉虱分泌物污染的植株叶片

图214　白粉虱在黄瓜叶背面刺吸为害

白粉虱刺吸汁液诱发的叶片霉层，如图215。

【为害习性】　白粉虱一般在温室为害，常年为害，周年均可发生。白粉虱没有休眠和滞育期，繁殖速度非常快。一个月完成一个世代。雌成虫平均产卵150粒左右，每头雌虫还可以孤雌生殖10头以上的雄性子代。成虫喜食幼嫩枝叶，有强烈的趋黄性。随着温度的提高，繁殖速度加快。18℃时发育历期31.5天，24℃时24.7天，27℃时22.8天。可见温度越高繁殖速度越快，为害就越严重。以此也能看出春末夏初飞虱繁殖加快，到了夏、秋季节白粉虱为害达到高峰。因此从防治上看应该是越早越好。

【防治方法】

天敌生物防治：棚室栽培可以放养丽蚜小蜂、烟盲蝽防治蚜虫和白粉虱。

设置防虫网：为阻止白粉虱飞入为害，设置40目防虫网的大棚，吊挂黄板诱杀害虫。每667米^{2}吊挂30块（25厘米×30厘

米），黄板置于棚室里风口1米内，诱杀残存在棚室内的粉虱。

药剂防治：

（1）根施灌药：建议早期利用滴灌进行水肥药一体化灌根，用70%噻虫嗪悬浮剂每667米²60毫升在定植时进行防控。菜农也采用穴灌施药（灌窝、灌根），定植前后每667米²用70%噻虫嗪悬浮剂20毫升对水30升随定植水一起淋灌秧苗，或定植苗盘用70%噻虫嗪悬浮剂20毫升对水30升，在移栽前2～3天，对幼苗进行喷淋，使药液除叶片以外还要渗透到土壤中。持续有效期可达30～40天，有很好的防治粉虱类和蚜虫的效果。用此方法可以有效预防粉虱和蚜虫传播病毒的作用。

（2）喷雾施药：可选用24.7%高效氯氟氰菊酯·噻虫嗪微囊悬浮-悬浮剂1500倍液、25%噻虫嗪水分散粒剂2 000倍液喷施或淋灌（15天/次），或70%噻虫嗪悬浮剂2 000倍液、50%氟啶虫胺腈可分散粒剂1 200倍液、10%吡虫啉可湿性粉剂1 500倍液或2.5%高效氯氟氰菊酯水剂1 500倍液喷雾防治，注意安全间隔期。

红蜘蛛、茶黄螨

【为害状】 红蜘蛛是菜农常说的叶片"火龙"的祸首。用肉眼能在叶片背面看到小红点刺吸为害，如图216，以成螨或若螨集中在黄瓜叶肉刺吸汁液，造成褪绿性黄沙点。仔细查看红蜘蛛

图216 被红蜘蛛为害的黄瓜褪绿性黄化叶片

常结成细细丝网。被吸食的叶片正面呈现小斑点，严重时叶片呈沙点，黄红色，即火龙状，如图217。

茶黄螨以成螨和幼螨群集作物幼嫩部位刺吸为害，受害植株叶片变窄，皱缩或扭曲畸形，幼茎僵硬直立，重症植株常被误诊为病毒病，如图218。

图217　红蜘蛛重度为害的黄瓜植株　　图218　茶黄螨为害的黄瓜叶片畸形皱缩

【为害习性】　红蜘蛛和茶黄螨以成螨在蔬菜温室的土中和越冬蔬菜的根际处越冬。依靠爬行、风力和人为操作传带以及苗木转移扩展蔓延。红蜘蛛繁衍很快，成螨对湿度要求不严格，这就是红蜘蛛干旱高温环境下为害严重的缘故。红蜘蛛仅靠自身移动为害距离不大，这也是其为害点片发生的原因。远距离为害多与人为传带和移栽有关，因此清园的作用非常重要。

【防治方法】

（1）清除上茬蔬菜拉秧后的枝叶，集中烧毁或深埋，减少虫源。

（2）加强肥水管理，重点防止干旱，减轻为害。

（3）药剂防治：红蜘蛛和茶黄螨生活周期较短，繁殖力强，应尽早防治，控制虫源数量，避免移栽传带传播。可选用10%噻螨酮乳油2 000倍液、40%克螨特乳油2 000倍液、20%哒螨灵乳油1 500倍液或20%四螨嗪悬浮剂2 000 ～ 2 500倍液喷施。

潜 叶 蝇

【为害状】　潜叶蝇在黄瓜一生中均可为害。从子叶到各个生长时期的叶片均可受害，如图219，以幼虫潜入叶片里，刮食叶肉，在叶片上留下弯弯曲曲的潜道，严重时叶片布满灰白色线状隧道，如图220。

图219　潜叶蝇为害黄瓜子叶　图220　潜叶蝇为害的叶片布满灰白色线状隧道

【为害习性】　潜叶蝇多以幼虫为害。成虫会钻出潜道在叶片表面化蛹。大多在春季和春夏交替时节为害重。设施栽培春季无防护网和裸露风口时间过长的时有发生。

【防治方法】

（1）设置防虫网，阻止潜叶蝇的进入。

（2）黄板诱杀成虫：每667米²放置25～30块黄板诱杀成虫。

（3）药剂防治：可选用24.7%噻虫嗪·高效氯氟氰菊酯微囊悬浮-悬浮剂1 500倍液、高效氯氟氰菊酯·氯虫苯甲酰胺悬浮剂1 500倍液、25%噻虫嗪水分散粒剂2 000倍喷施或淋灌（15天/次），或10%吡虫啉可湿性粉剂1 500倍液、2.5%高效氯氟氰菊酯水剂1 500倍液或1.8%阿维菌素乳油2 000倍液喷施，注意安全间隔期。

蓟　马

【为害状】　蓟马为害黄瓜嫩叶（图221）、生长点和花萼（图222）。锉吸叶片汁液，在叶脉周围出现白点，重度为害后叶片白点穿孔，如图223，造成叶片早衰，功能减退。

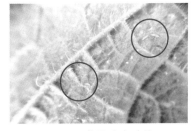

图221　蓟马为害叶片

无公害蔬菜病虫害防治实战丛书

图222　蓟马刺吸黄瓜花

图223　重度为害后呈枯干白点的早衰叶片

【为害习性】 蓟马以成虫和若虫锉吸嫩瓜、嫩梢、嫩叶和花、果的汁液。一年发生8～18代不等。在南方因气候温暖繁衍迅速，在北方繁衍稍慢。以卵、若虫和蛹、成虫在土壤中越冬，出土后向上爬行至植株幼嫩部位为害。移动较快，可以跳跃移动。有较强的趋光性和趋蓝特性。南方四季均可为害，北方以夏秋季为害严重。

【防治方法】

（1）清除田间杂草，设置蓝板诱杀成虫，如图224。

（2）生物防治：引进天敌，如草蛉、小花蝽等，释放于设施棚室内或田间。

（3）药剂防治建议参考白粉虱防治方法。

图224　吊挂蓝板诱杀蓟马

棉铃虫、烟青虫

【为害状】 幼虫蛀食黄瓜花（图225）、幼蕾（图226）和嫩茎（图227），致使落花、落蕾。受害花蕾苞叶张开，变黄，脱落；受害花雌雄蕊被吃光，不能坐瓜；幼虫钻入果实为害，造成果实脱落或腐烂，导致减产并影响收益。

图226 棉铃虫低龄幼虫啃食
黄瓜幼蕾

图225 棉铃虫幼虫为害黄瓜花

图227 幼虫为害黄瓜嫩茎

【为害习性】

棉铃虫和烟青虫食性很杂，除了为害棉花、玉米、小麦等大田作物之外，也能为害番茄、黄瓜、茄子、西瓜、南瓜、豆类、甘蓝等。以幼虫蛀食叶片和幼瓜，越夏、露地种植的黄瓜和设施栽培的秋季、秋延后黄瓜会在7月初遭受二代棉铃虫幼虫为害。秋季种植的会在盛瓜期的9月遭受四代棉铃虫或烟青虫幼虫为害。防治要抓住卵期和幼虫尚在低龄时的瓜前防控。

棉铃虫在我国广泛分布，由北向南1年发生3～7代，在辽宁、河北北部、内蒙古、新疆等地1年发生3代，长江以南5～6代，云南7代。在华北地区，第一代幼虫为害期为5月下旬至6月下旬，第二代幼虫发生为害盛期在6月下旬至7月，第三代幼虫为害期在8～9月，第四代幼虫主要发生在9月至10月上中旬。可见，棉铃虫各代在中后期发生不整齐，在同一时间往往可见到各种虫态，因此，各种蔬菜只要生育期适合（花期、蕾期、果期），都会受到棉铃虫为害。

棉铃虫成虫具有趋光性、趋化性，所以利用黑光灯、糖醋液和杨树枝把可以诱杀成虫。

棉铃虫的卵为散产，幼虫孵出后，有取食卵壳的习性，所以卵期喷施只有胃毒作用的药剂，如苏云金芽孢杆菌制剂，也能起到杀虫作用。

棉铃虫幼虫孵化后一到二龄一直在作物表面取食和爬行，二龄后期钻蛀。所以在钻蛀之前进行喷药防治能收到更好的效果。

【防治技术】

（1）农业防治：结合田间管理，及时整枝打杈，把嫩叶、嫩枝上的卵及幼虫一起带出田外烧毁或深埋；结合采收，摘除虫果集中处理，可减少田间卵量和幼虫量。

（2）诱杀成虫：使用诱虫灯、杨树枝把、糖醋液诱杀成虫可减少田间虫源。

（3）生物防治：在卵高峰时喷施苏云金芽孢杆菌(Bt)高含量可湿性粉剂（16 000国际单位/毫克）每667米^2 300克，对水喷雾。在棉铃虫产卵始、盛、末期释放赤眼蜂。每667米^{2}放蜂1.5万头，每次放蜂间隔期3～5天，连续3～4次。

（4）药剂防治：虫卵高峰3～4天后，可用Bt粉剂800倍液、20％高效氯氟氰菊酯·氯虫苯甲酰胺悬浮剂1 500倍液、30％噻虫嗪·氯虫苯甲酰胺3 000倍液、40％噻虫嗪·氯虫苯甲酰胺水分散粒剂3 000倍液、5％虱螨脲乳油1 000～1 500倍液或 2.5％高效氯氟氰菊酯水剂1 000倍液喷施，注意安全间隔期。

七、不同栽培季节黄瓜一生病害防控整体解决方案（大处方）

1.春季棚室栽培保健性整体防控大处方（3～6月）

第一步：定植前土壤封闭处理：6.25%咯菌腈·精甲霜灵悬浮剂40毫升或68%精甲霜灵·锰锌可分散粒剂100克对水60升，喷施穴坑或垄沟（此步防控黄瓜茎基腐病和猝倒病，烂根、死棵）。

第二步：随移栽黄瓜采用25%嘧菌酯悬浮剂50毫升+35%噻虫嗪悬浮剂40毫升对水60升，浸苗盘、喷淋苗盘或随定植水灌根（此步防治黄瓜根腐、烂根、烟粉虱和蚜虫，净化土壤根系生存环境，壮秧，持效期45天，同时架设防虫网和黄板）。

第三步：移栽到田间缓苗后开始预防喷施用药（缓苗后7～10天）。用56%嘧菌酯·百菌清20毫升对15升水（1桶），喷一次，每667米^{2}用2桶，8～10天喷1次（喷完第一次后间隔8～10天再进行下一步）。

第四步：用25%嘧菌酯悬浮剂每667米^{2}100毫升灌根，25天1次。

第五步：用25%双炔酰菌胺悬浮剂15毫升对15升水喷施，14天1次。

第六步：25%嘧菌酯悬浮剂+47%春雷·王铜可湿性粉剂（阿加组合）灌根或冲施，每667米^{2}200毫升，30天1次。

第七步：喷32%吡唑萘菌胺·嘧菌酯悬浮剂1 200倍液，即10毫升对15升水，14天1次。

第八步：用25%嘧菌酯悬浮剂或32.5%苯醚甲环唑·嘧菌酯悬浮剂每667米^{2}60～100毫升灌根或冲施。或嘧菌酯、32.5%苯醚甲环唑·嘧菌酯悬浮剂10毫升对15升水喷施，10～15天1次。

第九步：喷32%吡唑萘菌胺·嘧菌酯悬浮剂1 200倍液，即10毫升对15升水，10～12天1次。

第十步：喷75%百菌清可湿性粉剂或56%百菌清·嘧菌酯悬浮剂100克对45升水(3桶水)直至收获（可视周围病害实际发生情况机动掌握此步的施药及停药）。全程防控91～100天。

2. 秋季棚室栽培保健性整体防控大处方（7～10月）

第一步：定植前土壤封闭处理：6.25%咯菌腈·精甲霜灵悬浮剂40毫升或68%精甲霜灵·锰锌可分散粒剂100克对水60升，喷施穴坑或垄沟（此步防控黄瓜茎基腐病和猝倒病，烂根、死棵）。

第二步：随移栽黄瓜采用25%嘧菌酯悬浮剂50毫升+35%噻虫嗪悬浮剂40毫升对水60升，浇定植水之后灌根（此步防治黄瓜根腐、烂根、烟粉虱和蚜虫，净化土壤根系生存环境，壮秧，持效期45天，同时架设防虫网和黄板）。

第三步：移栽到田间缓苗后开始预防根施用药（缓苗后约30天）。25%嘧菌酯悬浮剂每667米²100毫升滴灌、冲施沟灌或淋灌，30天施药1次。

完成第三次根施用药后隔30～35天再进行第四步操作，以此类推。

第四步：喷62.75%氟吡菌胺·霜霉威悬浮剂15毫升+47%春雷·王铜可湿性粉剂30克对水15升混用喷施，10天1次（主要防治霜霉病、靶斑病和细菌性角斑病）。

第五步：喷25%双炔酰菌胺悬浮剂15毫升对15升水，12天1次。

第六步：25%嘧菌酯悬浮剂120～200毫升滴灌、冲施沟灌或淋灌，15天1次。

第七步：喷32%吡唑萘菌胺·嘧菌酯悬浮剂10毫升对15升水，12～14天1次（主要防治靶斑病、白粉病和细菌性角斑病）。

第八步：喷32%吡唑萘菌胺·嘧菌酯悬浮剂15毫升+47%春雷·王铜可湿性粉剂30克对15升水，10～15天1次。

第九步：喷施75%百菌清可湿性粉剂100克对45升水(3桶水)直至收获（可视周围病害实际发生情况机动掌握放弃或继续进行药剂防控）。全程防控68～78天。

3. 越冬黄瓜一生病害防治大处方（11月至翌年5月）

第一步：定植前土壤封闭处理：40%精甲霜灵·咯菌腈或68%精甲霜灵·锰锌可分散粒剂100克对水60升，喷施穴坑或垄沟（此步防控黄瓜茎基腐病和猝倒病，烂根、死棵）。

第二步：随移栽黄瓜每667米^{2}采用25%嘧菌酯悬浮剂50毫升+35%噻虫嗪悬浮剂40毫升对水60升浇定植水之后灌根（此步防治黄瓜根腐、烂根、烟粉虱和蚜虫，净化土壤根系生存环境，壮秧，持效期45天，同时架设防虫网和黄板）。

第三步：从移栽到田间缓苗后开始预防喷施用药（缓苗后30～40天）。25%嘧菌酯悬浮剂20毫升对15升水喷施，每667米^{2}2桶。喷施完第三次后间隔30～40天再进行下一步。

第四步：喷阿加组合：25%嘧菌酯悬浮剂10毫升+47%春雷·王铜可湿性粉剂30克混用一次对15升水，10天1次。

第五步：喷25%双炔酰菌胺悬浮剂15毫升对15升水，12天1次。

第六步：喷32%吡唑萘菌胺·嘧菌酯悬浮剂10毫升+47%春雷·王铜可湿性粉剂30克混用，对15升水，15～20天1次。

第七步：25%嘧菌酯悬浮剂60～100毫升滴灌、冲施沟灌或淋灌，30天1次。

第八步：喷32%苯醚甲环唑·嘧菌酯悬浮剂60克对水15升，10～14天1次。

第九步：喷55%益施帮水乳剂25毫升+3.4%赤·吲乙·芸可湿性粉剂3克对15升水，10～12天1次。

第十步：喷咯菌腈3克对15升水，10天1次（重点喷瓜头）。

第十一步：喷32.5%嘧菌酯·苯醚甲环唑悬浮剂60克对水120升(如果没有病害发生可在10天后连续再用一次56%嘧菌酯·百菌清悬浮剂，以降低药剂成本)。

第十二步：25%嘧菌酯悬浮剂120～150毫升滴灌、冲施沟灌或淋灌，30天1次。

第十三步：喷32%吡唑萘菌胺·嘧菌酯悬浮剂10毫升+3.4%赤·吲乙·芸可湿性粉剂3克对15升水，10～12天1次。

第十四步：喷50%咯菌睛可湿性粉剂3克对15升水，20天1次。

第十五步：喷75%百菌清可湿性粉剂每袋药（100克）对3桶水直至收获，可以看黄瓜健康情况备案，掌握后期施药次数。

越冬棚室同时要注意随时观察瓜头，进行灰霉病的蘸药预防措施。即用咯菌腈对黄瓜花进行蘸花防灰霉处理。注意细菌性病害，及时施用阿加组合。

八、生产中容易出现问题的环节处置方案（小处方）

1. 种子药剂包衣防病处方

用6.25%咯菌腈·精甲霜灵10毫升，对水150～200毫升可包衣3～4千克种子，可有效防治苗期立枯病、炭疽病、猝倒病；或50℃温水浸种20分钟后用75%百菌清可湿性粉剂浸泡30分钟后播种。

2. 苗床药土处方

取没有种过蔬菜的大田土与腐熟的有机肥按6：4混匀，并按每立方米苗床土加入68%精甲霜灵·锰锌水分散粒剂100克和2.5%咯菌腈悬浮剂100毫升拌土一起过筛混匀。用处理后的土壤装营养钵或铺在育苗畦上，可以预防苗期立枯病、炭疽病和猝倒病，并在种子播种覆土后，用68%精甲霜灵·锰锌水分散粒剂400倍液喷洒苗床表面，进行封闭。有较好的预防苗期病害的作用。

3. 穴盘营养基质消毒处方

穴盘营养基质按体积计算草炭：蛭石为2：1，每立方米基质加入氮、磷、钾比例为15：15：15的三元复合肥1～1.5千克（如果是冬春季节育苗，每立方米基质或1 000千克基质要加入氮：磷：钾为15：15：15的复合肥2千克），同时加入100克的68%精甲霜灵·锰锌可分散粒剂和100毫升2.5%咯菌腈悬浮剂做杀菌处理。

4. 农家肥的发酵处理

将未腐熟的鸡、鸭、马、牛、猪粪在卸车时掺入腐菌酵素，每2～3米³农家肥+500千克粉碎后的秸秆+腐菌酵素1袋

（2千克）拌匀，用废弃的塑料膜或泥土盖好封严，10～15天即可完全发酵，而后随时使用，不会产生肥害。

5.新建棚室土壤改良方案

每667米^{2}用6～8米^{3}农家肥加6千克腐菌酵素混合均匀施于棚内，深耕土壤可改良新建棚室土壤通透性及活性。7～10天后可定植作物。

6.高温闷棚杀菌处理程序

对于连年重茬种植蔬菜的棚室，要想保持作物的生长环境，必须高度保持土壤的有机质含量和土壤的吸附活性，建立可持续种植的植物生长环境。其步骤是：

洁净棚室：在6～7月，上茬作物收获后，清除作物残体，除尽田间杂草，运出棚外集中深埋或烧毁。

铺施闷棚填充物：铺撒作物秸秆及农作物废弃物。将作物秸秆如玉米秸、麦秸、稻秸等利用器械截成3～5厘米的寸段，玉米芯、废菇料等粉碎后，以每667米^2 1 000～3 000千克用料量均匀地铺撒在棚室内的土壤或栽培基质表面。

铺施有机肥：用量可根据土壤肥力、下茬作物种类及种植模式选择决定。将鸡粪、猪粪、牛粪等腐熟或半腐熟的有机肥每667米^2 3 000～5 000千克，均匀铺撒在秸秆或麦秸等松软物上，也可与作物秸秆充分混合后铺撒。同时拌入氮、磷、钾有效含量为15∶15∶15的三元复合肥30千克或磷酸二铵15千克（也可用10千克尿素加40千克过磷酸钙）和硫酸钾15千克。

撒施速腐剂：施入速腐剂如腐菌酵素，每667米^{2}混用2～3千克，深翻25～40厘米，后整地做成利于灌溉的平畦。

灌水：已施入农家肥、秸秆、尿素和速腐剂的棚室，再灌水至土壤充分湿润，相对湿度达到85%左右（地表无明水，用手攥土团不散即可）。

双层覆盖：地面覆盖，可选用地膜或其他塑料薄膜覆盖地面。密封各个接缝处。棚室覆盖物，封闭棚室并检查棚膜，修补破口漏洞，并保持清洁和良好的透光性。

　　闷棚时间：密闭后的棚室，保持棚内高温高湿状态25～30天，其中至少有累计15天以上的晴热天气。高温闷棚期间应防止雨水灌入棚室内。闷棚可以持续到下茬作物定植前5～10天。

　　揭膜晾棚：打开通风口，揭去地膜晾棚。待地表干湿合适后，可整地做畦为下茬作物栽培做准备。

7. 越冬栽培的补光充氮措施

　　北方冬季昼短夜长，设施蔬菜生长受到制约，尤其是在阴霾天、雨雪阴连天，植株长期生存在弱光阴冷环境下，一旦天气晴好，作物时常发生生理性萎蔫，恢复生长状态缓慢而艰难。生产中常用补充灯光照射和墙体贴反光膜来增加光照，延长白昼时间，效果比较理想。方法是：架设植株生长灯，每5延长米架设一盏，早晚各延长灯光照射2小时，同时在后墙上铺贴反光膜，以增加日光照射。同时架设二氧化碳释放器，增强植株光合作用，促进设施蔬菜健壮生长。

8. 种植后的肥害补救方案

　　（1）底肥已经施入未腐熟农家肥的补救。设施蔬菜定植前，若已经施入未腐熟农家肥，可追施腐菌酵素，按照每2～3米^{3}未腐熟农家肥掺入2千克腐菌酵素的比例撒施，旋耕后浇小水，3天后即可定植。棚室内无臭味熏棚。

　　（2）苗期农家肥烧苗的补救。用30亿活芽孢/克枯草芽孢杆菌500倍液灌根，每667米^{2}用药200克在苗期第一次浇灌时随水冲施。或每667米^{2}大棚使用4千克腐菌酵素，补充土壤中优质微生物，减轻农家肥烧苗现象。

　　（3）定植后肥害的补救。底施生粪造成烧苗，可用腐菌酵素缓解肥害，每2千克腐菌酵素可随水冲施3分地；或利用腐菌酵素灌根，每2千克腐菌酵素对50千克水，灌1000棵苗；或用2000倍液的地福来海藻菌液浇灌，可缓解秧苗肥害。

9. 幼苗壮秧防病

蔬菜幼苗出齐长出真叶后，可以对其进行健壮防病生物菌药处理。即采用生物激活剂55%益施帮水乳剂500倍液喷施，或用30亿活芽孢/克枯草芽孢杆菌200倍液淋灌幼苗，可起到抗寒保苗促壮作用。提示：不提倡使用化学农药，以避免对幼苗造成药害。

10. 育苗期防控病毒病

首先，设施棚室风口加设50目防虫网；其次，棚室内设置黄板诱杀传毒媒介害虫，每667米^{2}设30块；第三，用强内吸杀虫剂35%噻虫嗪悬浮剂2000～3000倍液喷淋幼苗，使药液除叶片以外还要渗透到土壤中。农民自己的育苗畦可用喷雾器直接淋灌，持续有效期可达30天以上，有很好的防治传毒媒介害虫的作用。

11. 秧苗抗寒、解药害、阴霾天气植株生长调理措施

设施蔬菜在弱光、寒冷、药害等极端条件下经常会生长异常。可以使用生物营养液调节，增强植株肥水吸收活力，同时可尝试选用生物活性动力素益施帮500倍液，或内源生长调节剂赤·吲乙·芸2000倍液喷施叶片，可收到一定效果。

12. 移栽苗防茎基腐病（黑脚脖病）

定植前用药剂封闭土壤表面，即配制68%精甲霜灵水分散粒剂500倍液，或使用6.25%咯菌腈·精甲霜灵悬浮剂500倍液，对定植田间进行封闭土壤表面喷施，而后进行秧苗定植，这种方法是当前菜农科技示范户在实践中总结出来的最有效的防控茎基腐病（黑脚脖病）的经验。

九、黄瓜主要生育期病虫害防治历

生育期	易发病虫害	防治对策	栽培模式	绿色防控药剂救治
育苗/定植前	猝倒病 立枯病 炭疽病	土壤消毒 使用一次性无菌基质土	越冬栽培 冬早春栽培 春提前栽培 春季栽培	50千克苗床土加20克68%精甲霜灵·锰锌水分散粒剂和10毫升2.5%咯菌腈悬浮剂拌土过筛混匀，可装营养钵或铺育苗畦上
	根腐病 茎基腐病	生物农药淋盘		30亿活芽孢/克枯草芽孢杆菌可湿性粉剂100倍液淋盘
	寒害 冻害	保暖、除湿	越冬栽培 冬春定植	30亿活芽孢/克枯草芽孢杆菌可湿性粉剂100倍液或益施帮25毫升喷施抗寒
				3.4%赤·吲乙·芸可湿性粉剂5 000倍液、90%氨基酸复微肥400倍液喷施抗寒
移栽定植	茎基腐病	种植沟穴土壤杀菌剂封闭杀菌降湿	越冬栽培 冬春茬栽培 早春栽培 及任何茬口	68%精甲霜灵·锰锌水分散粒剂600倍液浸盘或淋灌、72%霜脲·锰锌可湿性粉剂800倍液、69%烯酰吗啉可湿性粉剂600倍液喷施
	根腐病	生物农药		30亿活芽孢/克枯草芽孢杆菌可湿性粉剂每667米²1千克
	寒害	多层膜保温，注意降低湿度		3.4%赤·吲乙·芸可湿性粉剂5 000倍液、90%氨基酸复微肥400倍液喷施抗寒
	线虫病	定植前沟施药剂		10%噻唑磷颗粒剂每667米²1.5千克
	蚜虫 烟粉虱 病毒病	苗盘浸盘，土壤表层药剂处理，药剂淋灌	冬早春栽培 春提前栽培 春季栽培	35%噻虫嗪悬浮剂3 000倍液喷淋或淋根
				设置防虫网，设置黄板诱杀

生育期	易发病虫害	防治对策	栽培模式	绿色防控药剂救治
移栽定植	霜霉病	预防为主	越冬栽培早春栽培	68%精甲霜灵·锰锌水分散粒剂600倍液、68.75%氟吡菌胺·霜霉威水剂800倍液、72%霜脲·锰锌可湿性粉剂800倍液、69%烯酰吗啉可湿性粉剂600倍液喷施
初瓜期	灰霉病菌核病	根施嘧菌酯整体防控药液蘸瓜头防控	越冬栽培春季栽培	50%啶酰菌胺可湿性粉剂1 200倍液、50%咯菌腈可湿性粉剂3 000倍液、50%乙霉威可湿性粉剂600倍液混入蘸花药液中喷施
	霜霉病疫病	根施嘧菌酯整体防控	越冬栽培春季栽培	25%嘧菌酯悬浮剂1 500倍液根施，每667米^{2}用药60～100毫升灌根或水肥药一体化施入，喷施68.75%氟吡菌胺·霜霉威水剂800倍液
盛瓜期	炭疽病白粉病	根施或喷施清除杂草，架设防虫网	越冬栽培春季栽培拱棚栽培	10%苯醚甲环唑水分散粒剂1 000倍液、32%吡唑萘菌胺·嘧菌酯悬浮剂1 200倍液、75%百菌清可湿性粉剂600倍液
	细菌性角斑病细菌性斑枯病			每667米^{2}25%嘧菌酯悬浮剂60克＋47%春雷·王铜可湿性粉剂120克喷施防控细菌性病害
	青枯病			50%噻唑锌悬浮剂800倍液47%春雷·王铜可湿性粉剂400倍液 25%吗啉胍可湿性粉剂400倍液，77%氢氧化铜可湿性粉剂1 000倍液、47%春雷·王铜可湿性粉剂
	烟粉虱蚜虫蓟马			25%噻虫嗪水分散粒剂2 000～3 000倍液、10%吡虫啉可湿性粉剂1 000倍液

生育期	易发病虫害	防治对策	栽培模式	绿色防控药剂救治
盛瓜后期	青枯病	喷施阿加组合保健性防控二次根施用药、参考大处方灌根	冬春栽培春季栽培大拱棚栽培任何种植模式	25%嘧菌酯悬浮剂1 500倍液＋春雷·王铜或嘧菌酯＋噻唑锌
	靶斑病炭疽病			32%吡唑萘菌胺·嘧菌酯悬浮剂1 200倍液、10%苯醚甲环唑水分散粒剂1 000倍液、32.5%苯醚甲环唑·嘧菌酯悬浮剂1 000倍液
	细菌性角斑病			50%噻唑锌悬浮剂800倍液
	蚜虫白粉虱			30%噻虫嗪·氯虫苯甲酰胺悬浮剂每667米^{2}60毫升根施或滴灌
	线虫病			定植时10%噻唑磷颗粒剂每667米^{2}1.5千克撒施

111

十、黄瓜易发生理性病害补救措施一览表

生理病害	原因	对策	施用剂量及调节药剂
缺氮	施肥不足，土质流失过大	增施有机肥，叶面喷施益施帮、叶绿宝	底肥冲施含氮复合肥，喷施益施帮、叶绿宝、叶优优
氮过剩	肥水管理不当	加施磷、钾肥，增加灌水，淋失硝态氮	增施生物有机肥，冲施海藻菌肥
缺磷	在酸性土壤中镁易被固定，影响磷被吸收	补施磷肥，加施镁肥	磷酸二氢钾0.3%～0.5% 底肥施足磷肥
磷过剩	磷只能被吸收20%～30%，过量磷肥	补施锌、锰、铁及氮钾肥	螯合锌、螯合镁、铁等
缺钾	黏质和沙性土壤，钾易被固定	补施钙、镁，施磷酸二氢钾	增施高钾卡丁肥、生物钾肥。施磷酸二氢钾、螯合镁
钾中毒	抑制了镁吸收	流水灌溉，施镁肥	康培营养素、绿芬威、螯合镁、海藻菌缓解
缺钙	酸性土壤，化肥田，盐渍化土壤	调节pH，施石灰粉，叶喷肥，秸秆还田	50%镁钙镁、绿得钙、0.3%氯化钙液、康培营养素、螯合钙
钙中毒	土壤碱性，各种元素都缺	使用酸性肥料，增加灌水次数	硫酸铵、硫酸钾、氯化钾、花果宝
缺镁	酸性土壤，钾过量，阳离子易被固定	改良土壤，叶面喷施补镁	50%镁钙镁叶面肥、1%～2%硫酸镁液、康培营养素、螯合镁、果优优、花果宝
镁中毒	土壤盐渍化，镁被固定	除盐，浇水。下茬种高粱	增施有机肥
缺硼	有机肥少，土壤碱性大，降低硼吸收	增施有机肥，补硼	喷施新禾硼、持力硼、昆卡微量元素套餐包

生理病害	原因	对策	施用剂量及调节药剂
硼中毒	污染，施硼肥过量	灌大水，种耐硼蔬菜，番茄、甘蓝、萝卜	增加土壤通透性，加大秸秆还田
缺铁	碱性、盐性土壤。土过干、过湿及低温	改良土壤，雨后排水，补铁，叶施	益施帮400倍液 氨基酸复合微肥400倍液、0.1%～0.2%硫酸亚铁或氯化铁液
铁中毒	人为过量施用或微生物活动 $Fe^{+3} \rightarrow Fe^{+2}$	增施钾肥，提高根的活性	康培营养素、绿芬威等
缺锰	酸性、盐类土	补施锰肥，氧化锰、硫酸锰，叶施	益施帮400倍液 氨基酸复合微肥400倍液、0.1%～0.3%硫酸锰液或0.1%氯化锰
锰中毒	污染、淹水、酸性土	施石灰质肥料，增施磷肥、高畦栽培	益施帮400倍液 氨基酸复合微肥400倍液、0.02%钼酸钠液
缺钼	锰多钼缺，酸性土，铁多土壤偏酸	加石灰质肥料，补钼，叶施	益施帮400倍液 氨基酸复合微肥400倍液、0.02%钼酸钠液、康培营养素
钼中毒	含"三废"土壤污染	适当补施硫酸亚铁肥	康培营养素 洗田，晾垡
缺锌	高碱性土，磷肥过多	调节pH6.5、补锌	益施帮400倍液 氨基酸复合微肥400倍液、0.3%硫酸锌或康培营养素
锌中毒	环境污染、土壤酸性	增施有机肥，改良土壤、换土	增施农家肥
缺铜	土壤中活性铜被吸附或螯合	叶施0.2%～0.4%硫酸铜液	加施含铜农药，波尔多液等
铜中毒	污染、人为过量施用含铜化合物、土壤碱化	施绿料，增施铁、锰、锌肥	益施帮400倍液 氨基酸复合微肥400倍液、增施生物菌肥 康培营养素

113

生理病害	原因	对策	施用剂量及调节药剂
缺硫	长期施用无硫酸根的肥料	施用硫酸氨、硫酸钾等含硫化肥	益施帮400倍液 氨基酸复合微肥400倍液、康培营养素2号
硫中毒	硫酸性肥料过多、工业区酸雨影响	按盐渍化渍土壤处理，改良土壤	增施农家肥

十一、常用农药通用名称与商品名称对照表

作用类型	商品名称	通用名称	剂　　型	含量（%）	主要生产厂家
杀菌剂	金雷	精甲霜灵·锰锌	水分散粒剂	68	先正达
杀菌剂	瑞凡	双炔菌酰胺	悬浮剂	25	先正达
杀菌剂	银法利	氟吡菌胺·霜霉威盐酸盐	水剂	68.75	拜耳
杀菌剂	世高	苯醚甲环唑	水分散粒剂	10	先正达
杀菌剂	适乐时	咯菌腈	悬浮剂	2.5	先正达
杀菌剂	达克宁	百菌清	可湿性粉剂	75	先正达
杀菌剂	多菌灵	多菌灵	可湿性粉剂	50	江苏新沂
杀菌剂	甲基托布津	甲基硫菌灵	可湿性粉剂	70	日本曹达、国内企业等
杀菌剂	克抗灵	霜脲·锰锌	可湿性粉剂	72	河北科绿丰
杀菌剂	霜疫清	霜脲·锰锌	可湿性粉剂	72	国内企业
杀菌剂	杀毒矾	噁霜·锰锌	可湿性粉剂	64	先正达
杀菌剂	普力克	霜霉威	水剂	72.2	拜耳
杀菌剂	阿米西达	嘧菌酯	悬浮剂	25	先正达
杀菌剂	好力克	戊唑醇	悬浮剂	43	德国
杀菌剂	山德生	代森锰锌	可湿性粉剂	80	先正达
杀菌剂	大生	代森锰锌	可湿性粉剂	80	陶氏
杀菌剂	阿米多彩	百菌清·嘧菌酯	悬浮剂	56	先正达
杀菌剂	农利灵	农利灵	干悬浮剂	50	巴斯夫
杀菌剂	多霉清	乙霉威·多菌灵	可湿性粉剂	50	保定化八厂
杀菌剂	利霉康	乙霉威·多菌灵	可湿性粉剂	50	河北科绿丰
杀菌剂	阿米妙收	苯醚甲环唑·嘧菌酯	悬浮剂	32.5	先正达
杀菌剂	加瑞农	春雷·王铜	可湿性粉剂	47	新加坡利农

作用类型	商品名称	通用名称	剂　　型	含量（%）	主要生产厂家
杀菌剂	加收米	春雷霉素	水剂	2	江门植保
杀菌剂	金普隆	精甲霜灵	可湿性粉剂	35	先正达
杀菌剂	细菌灵	链霉素·琥珀铜	片剂	25	齐齐哈尔
杀菌剂	凯泽	啶酰菌胺	可湿性粉剂	50	巴斯夫
杀菌剂	阿克白	烯酰吗啉	可湿性粉剂	50	巴斯夫
杀菌剂	百泰	吡唑醚菌酯·代森联	水分散粒剂	65	巴斯夫
杀菌剂	克露	霜脲锰锌	可湿性粉剂	72	杜邦
杀菌剂	绿妃	吡唑萘菌胺·嘧菌酯	悬浮剂	32.5	先正达
杀菌剂	露娜森	氟吡菌酰胺·肟菌酯	悬浮剂	42.8	拜耳
杀菌剂	健达	氟唑菌酰胺·吡唑醚菌酯	悬浮剂	42.4	巴斯夫
杀菌剂	链霉素	农用硫酸链霉素	可湿性粉剂	1 000万单位	河北科诺
杀菌剂	萎菌净	枯草芽孢杆菌	可湿性粉剂	30亿活芽孢	河北科绿丰
杀菌剂	恶霉灵	敌克松·多菌灵	可湿性粉剂	98	山东企业
杀菌剂	爱苗	苯醚甲环唑·丙环唑	乳油	30	先正达
杀菌剂	可杀得	氢氧化铜	可湿性粉剂	77	美国杜邦
杀菌剂	凯润	吡唑醚菌酯	乳油	25	巴斯夫
杀菌剂	品润	代森锌	干悬浮剂	70	巴斯夫
杀菌剂	福气多	噻唑磷	颗粒剂	10	浙江石原
杀菌剂	施立清	噻唑磷	颗粒剂	10	河北威远
杀菌剂	速克灵	腐霉利	可湿性粉剂	50	日本住友
植物生长调节剂	九二○	赤霉素	晶体	75	上海同瑞
植物生长调节剂	益施帮	氨基酸活性剂	水剂	55	先正达

作用类型	商品名称	通用名称	剂　　型	含量（%）	主要生产厂家
植物生长调节剂	碧护	赤·吲乙·芸	可湿性粉剂	3.4	德国马克普兰
杀虫剂	阿克泰	噻虫嗪	水分散粒剂	25	先正达
杀虫剂	锐胜	噻虫嗪	悬浮剂	35 或 70	先正达
杀虫剂	美除	虱螨脲	乳油	5	先正达
杀虫剂	四螨嗪	联苯菊酯	乳油	70	富美食公司国内企业
杀虫剂	吡虫啉	吡虫啉	可湿性粉剂/乳油	10	威远生化/江苏红太阳等
杀虫剂	虫螨克星	阿维菌素	乳油	1.8	威远生化
杀虫剂	帕力特	虫螨腈	悬浮剂	24	巴斯夫
杀虫剂	功夫	高效氯氟氰菊酯	水剂	2.5	先正达
杀虫剂	度锐	噻虫嗪·氯虫苯甲酰胺	悬浮剂	30	先正达
杀虫剂	福戈	噻虫嗪·氯虫苯甲酰胺	水分散粒剂	40	先正达
杀虫剂	美除	虱螨脲	乳油	5	先正达
杀虫剂	艾绿士	乙基多杀霉素	水分散粒剂	48	陶氏
杀虫剂	可立施	氟啶虫胺腈	水分散粒剂	50	陶氏
杀线虫剂	路富达	氟吡菌酰胺	悬浮剂	41.7	拜耳

117

十一、常用农药通用名称与商品名称对照表

无公害蔬菜病虫害防治实战丛书